暖通空调工程师人居环境设计与健康培训丛书

室内气候系统设计与应用

Design and implementation of indoor climate system

何 森 主编

中国建筑工业出版社

图书在版编目（CIP）数据

室内气候系统设计与应用＝design and implementation of indoor climate system/何森主编．—北京：中国建筑工业出版社，2022.4

（暖通空调工程师人居环境设计与健康培训丛书）

ISBN 978-7-112-27038-5

Ⅰ.①室… Ⅱ.①何… Ⅲ.①室内-气候系统-建筑设计-系统设计 Ⅳ.①P463.4

中国版本图书馆 CIP 数据核字（2021）第 280619 号

责任编辑：吕 娜
责任校对：姜小莲

暖通空调工程师人居环境设计与健康培训丛书

室内气候系统设计与应用

Design and implementation of indoor climate system

何 森 主编

*

中国建筑工业出版社出版、发行（北京海淀三里河路 9 号）

各地新华书店、建筑书店经销

霸州市顺浩图文科技发展有限公司制版

北京市密东印刷有限公司印刷

*

开本：787 毫米×1092 毫米 1/16 印张：12½ 字数：309 千字
2022 年 7 月第一版 2022 年 7 月第一次印刷
定价：**38.00** 元

ISBN 978-7-112-27038-5

（38825）

序

何森老师根据中国的气候和建筑特点，对"室内气候系统"的理论和应用的创新，是近些年在暖通空调行业少有的、听起来让人耳目一新的工作。他高度结合互联网、大数据、人工智能等新技术，为越来越"无趣"的空调行业带来了一股清流。

在成立自己的营销咨询公司前，我有15年空调行业的从业经历，其中大部分时间在一家外资龙头企业工作。很多和我从业时间差不多，甚至晚于我的朋友，不是在暖通空调行业里当高管，就是自己做经销商。为什么我却从空调行业隐退，转战另外的领域呢？因为我觉得在空调行业越来越找不到乐趣。这时，就需要有一位像何森老师这样，从全新的角度去看行业，不背负历史包袱，也不为过去的经验和规律所束缚的行业推动者出现，帮助这个行业寻找突破性的发展机会。

2019年年底，特斯拉在中国投资建立工厂，量产Model3这款入门级车型，价格进一步下探到30万元人民币。很多人都知道特斯拉利用消费电子行业已经非常成熟的锂电池，打造出上千个锂电池串联起来的电动车电池组，一次充电就能够达到一般汽油车的续航里程，消除了司机的里程焦虑。如果说电池组技术是未来的动力能源技术，那么特斯拉的另外一项核心技术自动辅助驾驶（Autopilot）就是未来的驾驶方式。自动辅助驾驶旨在提升行车安全性和便利性，通过空间下载技术（OTA）进行软件更新，不断引入新功能并提升性能，使车辆控制不断升级完善。因此，特斯拉也被称作是"越开越新"的车。

驾车出行不过是我们每天的一小部分时间，大部分人每天驾车不会超过2h，而我们每天在室内的时间，大多会超过20h。我们生活的环境远比在道路上的驾车环境更为复杂，却没有智能的控制系统。无论在家还是在办公室，都需要动手通过遥控器设定温度，APP最多只是远程遥控器而已。而且除了温度外，你设定不了理想的湿度，更没办法设定室内PM2.5、CO_2浓度这些更为精准的空气指标。因为这些简单的参数背后有众多的影响因素和复杂作用机理，涉及理论研究、产品设计、自动控制和效果评估等诸多方面。

随着人工智能技术的不断进化，就像未来开车不再需要人去驾驶一样。未来我们的室内气候也不再需要手动调节。目前人工智能的学习和分析能力已经远远地超过了人类自身。比如最新一代人工智能围棋手AlphaGoZero已经不再需要学习人类棋谱。或者说，它一开始就不需要接触人类棋谱。系统一开始并不知道什么是围棋，只是从单一神经网络开始，通过神经网络强大的搜索算法，进行自我对弈。随着自我博弈的增加，神经网络逐渐调整，提升预测能力，最终赢得比赛。更为厉害的是，随着训练的深入，阿尔法围棋团队发现，AlphaGoZero还独立发现了游戏规则，并走出创新策略，为围棋这项古老游戏带来了新的见解。

以往认为需要全面的专业知识和资深专家才能做高精尖的暖通空调系统解决方案，而本书的作者在尝试使用数字孪生技术促进暖通空调系统实现以用户为中心的增效升级。读完这本《室内气候系统设计与应用》，我很欣慰，终于发现有人挑战这个传统行业。下一个十年暖通空调行业的发展机遇在什么地方？技术朝何处发展？人在室内微气候中的需求有没有极限？我也期待各位读者和我一样，在读完本书后对此有一番遐想。

曹 轶

凝华咨询联合创始人

2020 年 7 月 31 日

扫描二维码
可看书中部分彩图

目　　录

导　　言

　　室内气候技术最早出现在 20 世纪 70 年代，其核心是通过对人体舒适性的研究找到合适的室内环境控制参数。这个技术在欧洲得到发展，从理论和实验室研究进展到构建暖通空调系统以实现室内环境的舒适和健康目标，也就是实现室内气候环境。

　　目标的实现基于从设计到实施的全过程，设计导向很重要。针对室内环境有四种设计类型：①以设备为中心，如风机盘管水系统；②以系统为中心，如恒温恒湿恒氧（三恒）系统；③以舒适为中心，采用舒适性设计条件；④以用户体验为中心，满足其在使用过程中的新需求。这 4 种系统类型都可以包括在本书所述及的室内气候技术分级中。

　　随着数字化技术的发展，很多行业已经实现了翻天覆地的改变。但暖通空调和室内环境行业的数字化还处于初级阶段，没有根本性的改变，还需要不断探索，特别是需要改变看问题的角度。本书力图依靠数字化来克服室内气候技术的瓶颈问题，推动行业解决方案的发展。本书包含以下内容：

　　1）以人为中心评价室内环境（环境工效），找到最合适的室内气候设计目标；

　　2）根据所在地气候特点和建筑热工情况确定"自然室温"，作为设计的出发点。设计出发点与设计目标的差距就是室内气候的调节范围；

　　3）数字孪生技术。通过建立实体系统与虚拟系统之间的关联，智能化实现复杂室内气候系统的设计、控制和运维服务；

　　4）创新暖通空调体系。将暖通空调系统分解成若干基础单元并建立虚拟系统模型，通过数字孪生技术实现系统全生命周期的管理与服务。

第 1 章

室内气候技术概述

室内气候是指以人为中心的室内环境，就是说要以室内使用者的生理和心理感受作为评价标准。暖通空调是室内气候的基础，但其设计条件只是可测量的环境条件（如温度、湿度、气流速度等）而不是用户的生理感觉和心理体验，或用户在此环境下的舒适和健康收益。

室内微气候泛指生活/工作场所的气候条件，包括空气的温度、湿度、气流速度（风速）、通透性和热辐射等因素。其中，气温是微气候的主要因素，直接影响人的工作情绪和身体健康。研究微气候是为暖通空调系统提出一个更合适的设计条件；而室内气候技术研究如何以使用者为中心，实现室内环境的舒适、健康、智能运行、迭代进步。在外部气候变化和内部人员活动的情况下，运用各种技术措施作为室内气候调节的保证。其工程技术基础是暖通空调技术。室内气候技术包含环境工效（舒适健康）、气候与建筑（绿色生态）、数字孪生技术（全周期管理）、新暖通空调系统（行业数字化）4部分内容。

1.1　暖通空调技术概述

暖通空调（HVAC）是指室内或车内负责供暖、通风及空气调节的系统或相关设备。暖通空调系统的设计涉及热力学、流体力学及流体机械，这些都是机械工程领域中的重要分支学科。暖通空调设计主要解决系统配置（或安装）和控制问题。

暖通空调专业属于土木工程大类，以前叫供热、供燃气、通风与空调工程专业，习惯称之为"暖通"；后来专业名称调整为建筑环境与设备工程；再后来又调整为建筑环境与能源应用工程。该专业的毕业生主要从事工业与民用建筑环境控制技术领域的工作，比如暖通空调、燃气供应、建筑给水排水等公共设施系统、建筑热能供应系统的设计、施工、安装、调试、运行管理以及建筑设备自动化系统方案的制定。暖通空调技术以规范化的方式来解决建筑内部的供冷、供热、空气质量问题，包括：方案选择、系统设计、安装施工、运行控制、运维服务等内容。暖通空调目前是一个"偏保守"的技术体系，受信息化、互联网的影响较小，还是依照传统技术体系，以环境温度、湿度、空气质量参数为设计目标，不以使用者的使用效果为目标，忽视运维服务和用户体验改善。后者正是未来行业发展的方向，发展潜力是巨大的。

《实用供热空调设计手册》是暖通空调行业的权威书籍，可供工程技术人员参考，其中详细讲解了焓湿图（图1.1-1）。焓湿图是用能量守恒原理研究空气变化的工具。空气被认为是干空气和水蒸气组成的混合物，焓湿图将湿空气各种参数之间的关系用图线表示，使用起来非常方便。焓湿图上绘出了定含湿量 d，定蒸汽分压力 p_v，定露点温度 t_d、定焓 h、定湿球温度 t_w，定干球温度 t、定相对湿度各组线簇。在一定的大气压力下，焓湿图的两个坐标轴对应显热（空气温度）和潜热（水蒸气含量），湿空气的状态取决于3个独立参数。使用焓湿图时只要知道任意2个独立参数，就能查出其他参数。空气处理（混合、升温、降温、加湿、除湿及组合）都可以在焓湿图中以过程线的方式体现出来。焓湿图是空调设备、暖通空调系统的设计基础。

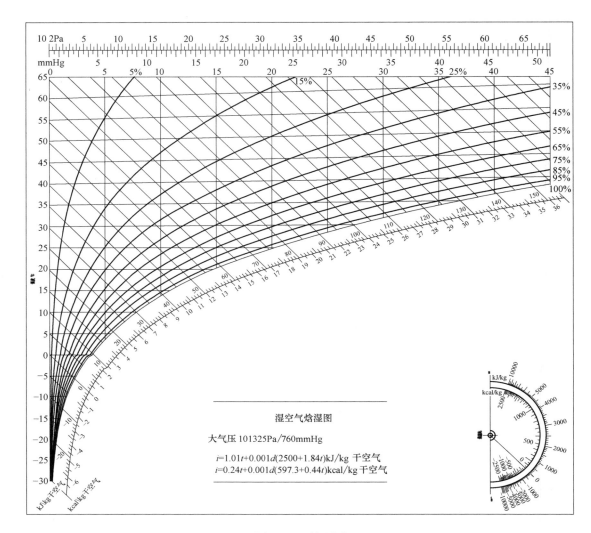

图 1.1-1　焓湿图

1.2　室内气候技术概述

　　产品和服务通常有三个层次：①产品；②系统；③解决方案。如：分体空调是一种产品；中央空调涉及主机和内机位置、管道和房间控制器，可以看成是一个系统；解决方案则是选择哪种系统性价比更好，使用效果更好、运维服务更周全。解决方案的着眼点是解决相关问题、消除用户痛点、有助使用（能耗低、故障少）、互惠互利（通过数据积累，改善用户使用效果，增加商家客户量）。

　　室内气候解决方案可以分为四个层级，见表 1.2-1 所示。

　　四个层级解决方案的核心不同，其相关内容、设计目标和实施步骤也各不相同，但低层级技术是高层级方案的基础，见表 1.2-2 所示。

室内气候解决方案层级 表 1.2-1

层级	核心	核心技术
L1	设备、材料、安装	机械工程
L2	温湿度控制	暖通空调
L3	各类舒适指标	人类工效学
L4	用户体验	设计心理学

不同层级室内气候解决方案的内容 表 1.2-2

层级	核心	相关内容	设计目标	实施步骤
L1	设备	空调设备 空气处理设备 控制部分	制冷量 除湿量 通信协议	选设备、选材料、配安装
L2	温湿度	温度系统 湿度系统 新风系统	温度设计范围 湿度设计范围 新风量	单位负荷、水力平衡、运行成本
L3	舒适	热舒适 湿舒适 味舒适 声舒适	PMV、PPD 露点温度 气流组织 dBA	末端组合、深度除湿、精准控制、数据监测、质量监管
L4	体验	用户交互 解决痛点 持续改进 全周期运维	用户体验 用户反馈 运行能耗 数据统计分析	以用户为中心的设计、调节性、选择性、可视数据、迭代升级、运维服务

室内气候技术包含 4 个主要部分：①环境工效。研究哪些因素影响体验者的舒适性、身体健康水平、工作效率和室内环境满意度，影响病态建筑综合征的发生；②气候与建筑。当地气候特点和节能建筑热工特点；③数字孪生技术。室内气候的数字孪生技术以及在此基础上的计算机软硬件和云平台，这样就实现了从暖通空调的工程性目标（交付）转向室内气候的用户体验（全周期管理服务）；④新暖通空调系统。根据上述 4 部分内容对暖通空调系统进行创新调整，重构暖通空调技术体系的架构，为以用户为中心的方案服务，从提高行业合作的角度，提出对设备、部件、控制、施工、服务的新要求，带动整个行业进入数字化时代。室内气候技术的架构见图 1.2-1 所示。

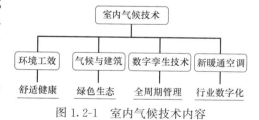

图 1.2-1 室内气候技术内容

室内气候技术是面向未来的技术，也就是把传统暖通空调系统数字化，将技术体系延伸到全周期管理服务，将实体系统数字化以便构筑更大的智慧体系（智能家庭、智慧社区、智慧城市等）。室内气候技术的基本思路是：①依靠环境工效确定最适合用户的个性化方案，并依此提出设计目标；②根据当地气象数据和建筑热工性能确定初始设计状态（室外和室内）；③确定暖通空调系统的功能、负荷和配置；④用计算机系统进行智能控制，用云平台做数据服务。

图 1.2-2 中的阴影区域是环境工效确定的舒适范围；自然环境是当地气候条件；建筑方法（被动措施）是满足目前当地建筑节能标准后的室内状态（自然室温）；而自然室温与舒适范围的差距就是室内气候系统的调整范围；数字孪生技术提供暖通空调（主动措

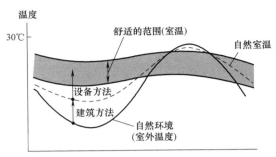

图 1.2-2　被动措施和主动措施

施）智能控制和运维服务所需要的控制逻辑、算法和数据监测、信息服务。

本书所涉及的室内气候技术体系（图1.2-3），在内容上已经超出传统室内气候技术的范围，这个体系的最大特点有2个：①多学科技术融合，可以提供不同技术层面、针对设备、系统和用户的各种技术方案；②引入数字信息技术，数字孪生技术将实体系统转化为虚拟系统以实现数字化，并最终融入互联网体系。

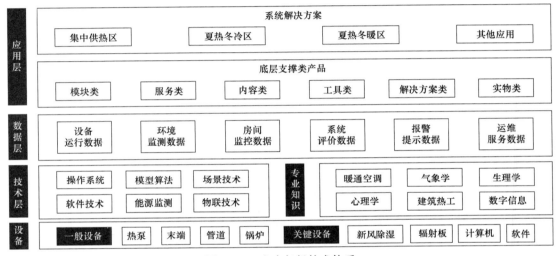

图 1.2-3　室内气候技术体系

在本书后续章节中，将陆续介绍气候、建筑围护结构和节能基本原理；环境工效及相关技术标准；计算机控制软硬件、云平台和数据服务；暖通空调系统数字化和新技术新产品；室内气候系统的设计、实施步骤和案例。

本章参考文献

[1] 陆耀庆. 实用供热空调设计手册（第二版）[M]. 北京：中国建筑工业出版社，2008.
[2] 张晓. 量体裁"器"——生活和工作环境中的工效学艺术 [M]. 上海：上海科技教育出版社，2000.
[3] 房慧聪. 环境心理学——心理、行为与环境 [M]. 上海：上海教育出版社，2019.
[4] Lorno Sulsky, Carlla Smith. 工作压力 [M]. 马剑虹等译. 北京：中国轻工业出版社，2007.
[5] （日）健康维持增进住宅研究委员会，健康维持增进住宅研考团. 健康住宅与居住行为指南 [M]. 姜中天译. 北京：中国建筑工业出版社，2018.
[6] 陈滨. 中国典型地区居住建筑室内健康环境状态调查研究报告（2012-2015 年）[M]. 北京：中国建筑工业出版社，2017.

第 2 章

气候与建筑

　　建筑是人类智慧的结晶，也是人类文明的载体，建筑的起源与气候密切相关。人类自身的出现和进化也是气候变化的结果。3000万年前人类远祖生活在北半球温带地区，此时气候温暖湿润、北极无冰雪覆盖、欧亚大陆森林茂盛、食物资源丰富。大概在1000万年前，全球气温逐渐下降、热带森林退化成稀树草原、几个动植物群落分布单一，最早的类人猿诞生。此后，第4纪大冰川在某种程度上抑制了人类的社会发展，却使人类取得了显著的生理进化，完成了从猿到人具有决定意义的转变。

　　人类在征服各种气候、扩展到地球各个角落的历程中，生理上出现适应性进化。时至今日，建筑一直在为人类抵御不利的气候条件充当庇护所，在建筑发展过程中，气候条件对建筑演变和热环境塑造产生了直接而深刻的影响。全球各地气候千差万别，但在某一区域或不同地区，气候特征存在相似性。客观认识不同区域的气候特征，并对其进行归纳和区别称为气候分类。

　　人类从户外走向室内是文明发展的结果，气候限制了人在大自然中的活动，而通过建筑，人类可以全年在室内做相应的活动，建筑克服了气候对室内环境的不良影响。人在建筑内进行生活、工作和学习时，对环境的温度、湿度和空气质量有一定的要求。为了达到这个要求条件，需要针对当地的气候条件去设计和建造建筑，尽量减少气候对室内环境的不良影响，而再好的建筑也难以保证全年不同气候条件下的室内环境要求，此时需要配置暖通空调（或室内气候）系统，来完全满足人们要求，但这个系统需要消耗能量，也被称作主动系统。而建筑热工的被动措施、暖通空调系统的主动措施、建筑系统运维行为措施是达到节能目标的三种技术措施。

2.1　中国气候特征

2.1.1　中国气象与气候

　　中国地域广阔，分布有多种类型的气候。东北地区属于湿润型大陆性气候，华东地区属于亚热带气候，华南地区属于热带季风气候，西南地区、青藏高原属于山地气候，西北地区属于稀树草原和沙漠气候。中国气候有三大特点：

　　1）显著的季风特色。中国大部分地区一年中风向发生着规律性的季节更替，这是由所处地理位置、海陆配置所决定的。在冬季严寒的亚洲，形成一个高气压区，东南方的海洋相对成一个低气压区。相反，夏季大陆比海洋热，高温的大陆成为低压区，海洋成为高压区，盛行从海洋吹向大陆的东南风和西南风，由于大陆风干燥、海洋风湿润，所以中国降水多发生在偏南风盛行的5～9月。因此季风特点不仅反映在风向转换上，也反映在干湿变化上，形成冬冷夏热、冬干夏雨。

　　2）明显的大陆性气候。与海洋相比，大陆热容量小，太阳辐射减弱或消失时，大陆比海洋降温快，大陆温差比海洋大，称为大陆性。我国大陆性气候表现在与同纬度其他地区相比，冬季冷、夏季热。

　　3）多样的气候类型。中国幅员辽阔，北部漠河位于北纬53°以北，南部南沙群岛位于北纬3°。跨越气候带，而且高山深谷、丘陵、盆地众多，青藏高原海拔4500m以上的地区四季长冬、南海诸岛终年皆夏、云南中部四季如春，其余绝大部分地区四季分明。

　　一个国家或地区按一定的标准同时结合实际，考虑自然界和行政因素，将全国或区域按气候特征分成若干小区称为气候区划。区划就是一种气候分类，只是局限在一定范围内，并侧重于气候应用和服务。建筑采光、供暖通风都与当地的气候要素相关，研究建筑适应当地气候特点，合理规划布局、选材、设计施工，以创造适宜的建筑热环境和建筑气象效应的科学，称为建筑气候学。

　　气候取决于多种要素的变化特征及组合状况，各种气候要素之间的相互联系共同作用，并影响建筑设计。建筑设计相关的气候要素有太阳辐射、空气温度、气压与风、空气湿度、凝结与降水。太阳辐射是建筑外部的主要热源，通过对建筑外墙和直射室内带来热量；空气温度是建筑保温、防热、供暖通风和空调热工设计的计算依据；空气运动的风向和风速影响建筑群布局和建筑自然通风组织；凝结和降水影响建筑造型和排水，以及围护结构表面结露，内部凝结和保温材料设置等。不同气候分区的设计要素是不同的。

　　气候特征指的是气象参数全年变化的特点。一般气象参数以小时值为基础，对若干年的实测数据进行分析处理，得到每个气象站的典型日月年的统计数据。与建筑相关的气象参数主要包括以下参数（按影响大小排序），一般用小时值或日均值来表示：

　　总太阳辐射量（日均、小时）

　　平均温度（日均、小时）

　　平均水蒸气分压（日均、小时）

　　最高温度（日）

　　最低温度（日）

　　平均风速（日均、小时）

　　地面温度（日均、小时）

　　气候特征影响供暖、供冷能耗。通过研究找出影响供暖和供冷能耗的重点因素。采暖度日数（HDD18）是一年中当某天室外日平均温度低于 18℃ 时，将该平均温度与 18℃ 的差值度数乘以 1d，所得出的乘积的累加值（其单位为 ℃·d）。制冷度日数（CDD26）是一年中当某天室外日平均温度高于 26℃ 时，将该平均温度与 26℃ 的差值数乘以 1d，所得出的乘积的累加值（其单位为 ℃·d）。这两个度日数指标可以来衡量不同气候区的特点。

　　研究供暖度日数与供暖负荷的关系，将各气候区代表城市供暖季逐月供暖度日数与热负荷作回归分析，见图 2.1-1 所示。结果表明各城市供暖度日数与热负荷存在线性正相关关系。这表明各气候区代表城市基于单一气温计算供暖共度日数可以解释建筑供暖能耗的 95% 以上影响因素（表 2.1-1）。这种数据关系，就是"气候补偿"技术的理论基础。

　　研究制冷度日数与供冷负荷的关系，将各气候区代表城市供冷季逐月制冷度日数与冷负荷作回归分析，见图 2.1-2 所示。从图中可以看出供冷度日数与冷负荷的关系比较分散，这也说明气温并非影响供冷能耗的唯一气象因子。研究表明。哈尔滨供冷负荷在 6 月、8 月受气温影响较大，而在 7 月湿度也起到一定的作用；上海 6 月主要受气温影响，7～9 月主要受湿球温度的影响；而广州 6～9 月均是湿球温度为主要影响因子，此外太阳辐射也有一定的贡献率。由于供冷负荷受到多个气候要素的影响，使得基于单一室外温度，难以可靠反映建筑供冷负荷。

　　对不同气候区城市在供暖和供冷时间内，供暖和供冷负荷与气象因子进行分析研究，得到三个最大影响因子，见表 2.1-1 和表 2.1-2 所示。

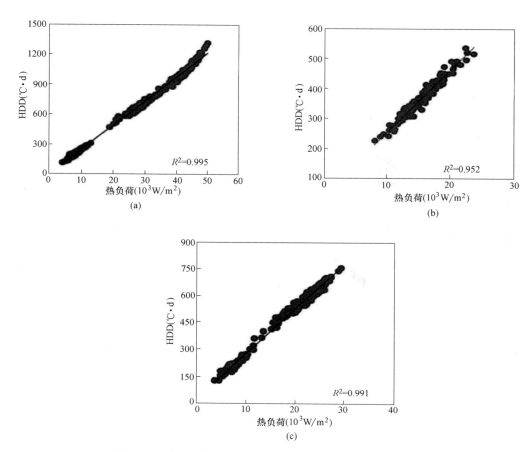

图 2.1-1 各城市供暖月逐月供暖度日数与供热负荷的关系
（a）哈尔滨；（b）天津；（c）上海

不同气候区供暖负荷与气象因子的多元回归分析　　　　　　表 2.1-1

城市	第一因子		第二因子		第三因子	
哈尔滨	温度	0.984	太阳辐射	0.990	湿度	0.993
乌鲁木齐	温度	0.977	太阳辐射	0.990	湿度	0.994
北京	温度	0.903	太阳辐射	0.937	湿度	0.950
天津	温度	0.879	太阳辐射	0.957	湿度	0.996
上海	温度	0.949	太阳辐射	0.983	湿度	0.995
南昌	温度	0.914	太阳辐射	0.980	湿度	0.993

　　从表 2.1-1 可以看出供暖负荷的最大影响因子是室外温度，最少解释了 87.9％的因素，而太阳辐射和湿度是第二、三影响因子，作用很小。

　　从表 2.1-2 可以看出单一影响因子可以解释哈尔滨、乌鲁木齐的供冷负荷。但解释不了其他地区的供冷负荷，在 3 个因子（太阳辐射、室外温度、湿度）的联合作用下，其他城市的影响率可达到 86.4％以上。而且各个城市的影响因子的排序不固定，这说明供冷负荷的复杂性，难以预测。

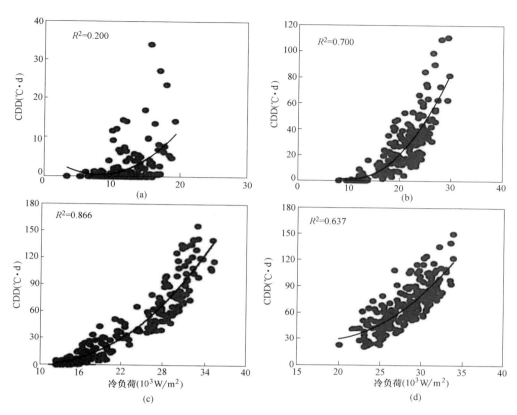

图 2.1-2　各城市供冷月逐月制冷度日数与供冷负荷的关系
（a）哈尔滨；（b）天津；（c）上海；（d）广州

不同气候区供冷负荷与气象因子的多元回归分析　　　　表 2.1-2

城市	第一因子		第二因子		第三因子	
哈尔滨	温度	0.913	湿度	0.957	太阳辐射	0.983
乌鲁木齐	温度	0.971	太阳辐射	0.992	湿度	0.995
北京	太阳辐射	0.371	温度	0.633	湿度	0.864
天津	温度	0.463	太阳辐射	0.728	湿度	0.963
上海	温度	0.695	湿度	0.854	太阳辐射	0.994
南昌	温度	0.568	湿度	0.785	太阳辐射	0.981
广州	太阳辐射	0.304	温度	0.394	湿度	0.972
南宁	温度	0.69	太阳辐射	0.777	湿度	0.982

2.1.2　中国建筑气候区划

对气候的分类和评价，采用日均或小时数据做统计处理和评价。以《民用建筑热工设计规范》GB 50176—2016 为例，根据相关统计参数将气候分为以下一级区和二级区，见表 2.1-3、表 2.1-4 所示。

建筑热工设计一级区划指标及设计原则 表 2.1-3

一级区划名称	区划指标		设计原则
	主要指标	辅助指标	
严寒地区(1)	$t_{min \cdot m} \leqslant -10℃$	$145 \leqslant d \leqslant 5$	必须充分满足冬季保温要求,一般可以不考虑夏季防热
寒冷地区(2)	$-10℃ < t_{min \cdot m} \leqslant 0℃$	$90 \leqslant d \leqslant 5 < 145$	应满足冬季保温要求,部分地区兼顾夏季防热
夏热冬冷地区(3)	$0℃ < t_{min \cdot m} \leqslant 10℃$ $25℃ < t_{max \cdot m} \leqslant 30℃$	$0 \leqslant d \leqslant 5 < 90$ $40 \leqslant d \geqslant 25 < 110$	必须满足夏季防热要求,一般可以兼顾冬季保温
夏热冬暖地区(4)	$10℃ < t_{min \cdot m}$ $25℃ < t_{max \cdot m} \leqslant 29℃$	$100 \leqslant d \geqslant 25 < 200$	必须充分满足夏季防热要求,一般可不考虑冬季保温
温和地区(5)	$0℃ < t_{min \cdot m} \leqslant 13℃$ $18℃ < t_{min \cdot m} \leqslant 25℃$	$0 \leqslant d \leqslant 5 < 90$	部分地区应考虑冬季保温,一般可不考虑夏季防热

建筑热工设计二级区划指标及设计原则 表 2.1-4

二级区划名称	区划指标		设计原则	城市
严寒 A 区(1A)	$6000 \leqslant HDD18$		冬季保温要求极高,必须满足保温设计要求,不考虑防热设计	漠河、黑河
严寒 B 区(1B)	$5000 \leqslant HDD18 < 6000$		冬季保温要求极高,必须满足保温设计要求,不考虑防热设计	哈尔滨、牡丹江
严寒 C 区(1C)	$3800 \leqslant HDD18 < 5000$		必须满足保温设计要求,可不考虑防热设计	沈阳、长春
寒冷 A 区(2A)	$2000 \leqslant HDD18 < 3800$	$CDD26 \leqslant 90$	应满足保温设计要求,可不考虑防热设计	大连、青岛
寒冷 B 区(2B)		$CDD26 > 90$	应满足保温设计要求,宜满足隔热设计要求,兼顾自然通风、遮阳设计	北京、天津
夏热冬冷 A 区(3A)	$1200 \leqslant HDD18 < 2000$		应满足保温、隔热设计要求,重视自然通风、遮阳设计	上海、南京、杭州、合肥、南昌、武汉、长沙、成都
夏热冬冷 B 区(3B)	$700 \leqslant HDD18 < 1200$		应满足保温、隔热设计要求,强调自然通风、遮阳设计	重庆、韶关、桂林、宜宾
夏热冬暖 A 区(4B)	$500 \leqslant HDD18 < 700$		应满足隔热设计要求,宜满足保温设计要求,强调自然通风、遮阳设计	福州、柳州
夏热冬暖 A 区(4B)	$HDD18 < 500$		应满足隔热设计要求,可不考虑保温设计,强调自然通风、遮阳设计	厦门、广州
温和 A 区(5A)	$CDD26 \leqslant 10$	$700 \leqslant HDD18 < 2000$	应满足冬季保温设计要求,可不考虑防热设计	昆明、丽江
温和 B 区(5B)		$HDD18 < 700$	宜满足冬季保温设计要求,可不考虑防热设计	瑞丽、澜沧

建筑分区的目的是给出区域建筑的热工措施（及节能指标）要求、确定暖通空调系统设计负荷。设计负荷选择的是最冷月（1月）和最热月（7月）的气象数据。但从上述标准看，所采用的指标还都是用温度参数，没有考虑太阳辐射及湿度（水蒸气分压、绝对含湿量或相对湿度）等参数的影响，特别是在湿热温度突出的南方地区，同类气候区建筑能耗可能会相差很大。

各类分区城市名单见附录Ⅰ。

2.1.3 气候特点与舒适对策

1. 不同城市的室内供暖、加湿、供冷、除湿时间表

以全年8760h室外气温和含湿量做统计数据，得到中国多个不同气候区城市的需要供冷、供热、加湿和除湿的小时数，如图2.1-3所示。

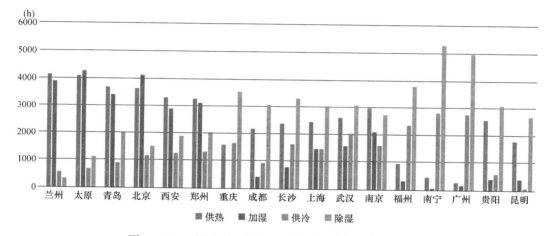

图例：■ 供热　■ 加湿　■ 供冷　■ 除湿

图 2.1-3　不同城市全年供热、加湿、供冷、除湿小时数

其中：兰州、太原、青岛、北京、西安、郑州为寒冷地区；重庆、成都、长沙、上海、武汉、南京、福州为夏热冬冷地区；福州、南宁、广州为夏热冬暖地区；贵阳、昆明为温和地区。各个参数的实际数值见表2.1-5所示。

图 2.1-3 彩图

不同城市温湿度处理的具体时间和时间比例　表 2.1-5

气候分区	城市	供热(h)	加湿(h)	加湿/供热	供冷(h)	除湿(h)	除湿/供冷
寒冷	兰州	4138	3888	94%	565	330	58%
	太原	4088	4261	104%	683	1133	166%
	青岛	3683	3414	93%	903	2013	223%
	北京	3641	4123	113%	1184	1529	129%
	西安	3315	2892	87%	1280	1887	147%
	郑州	3276	3113	95%	1337	2023	151%
夏热冬冷	重庆	1599	0	0%	1662	3555	214%
	成都	2184	431	20%	936	3064	327%
	长沙	2376	790	33%	1642	3321	202%

气候分区	城市	供热(h)	加湿(h)	加湿/供热	供冷(h)	除湿(h)	除湿/供冷
夏热冬冷	上海	2452	1482	60%	1482	3037	205%
	武汉	2614	1589	61%	2049	3078	150%
	南京	2973	2106	71%	1613	2734	169%
夏热冬暖	福州	949	325	34%	2360	3802	161%
	南宁	475	66	14%	2805	5289	189%
	广州	281	173	62%	2753	4975	181%
温和地区	贵阳	2560	412	16%	592	3082	521%
	昆明	1797	406	23%	84	2684	3195%

以全年8760h的数据来看，以10%时间为最低需求，得出以下特点：

1) 夏热冬暖地区的供暖需求不大，其中需求率最高的福州为10.8%，而广州只有3.2%；

2) 寒冷地区的供冷需求不大，其中需求率最高的郑州为15.3%，而兰州只有6.4%；

3) 温和地区的供冷需求不大，其中需求率最高的贵阳为6.8%，而昆明为0.96%；

4) 大部分夏热冬冷地区的供暖时间要大于供冷时间；

5) 夏热冬暖和温和地区的加湿需求不大，需求时间不超过5%；

6) 夏热冬冷地区的加湿需求则存在很大的变化，从0到24%；

7) 寒冷地区的除湿需求则存在很大的变化，从3.8%到23.1%；

8) 寒冷地区加湿时间/供热时间的比值为87%～113%，这表明可以采用同一热源供热和加湿；

9) 寒冷地区、夏热冬冷地区、夏热冬暖地区、温和地区的年除湿时间大概在2100h以下，3600h以下，5300h以下和3100h以下，均有很大的除湿需求；

10) 夏热冬冷地区除湿时间/供冷时间的比值为150%～327%；夏热冬暖地区为161%～189%；温和地区为521%～3195%。这些地区应该设计独立的除湿系统。

未来的趋势是供暖、供冷、新风、加湿和除湿一体化，上面的数据说明，应按气候区划、根据不同功能的年使用时间来选择功能配置和系统方案。比如对应使用时间较短的加湿功能，没有必要安装在主系统中，可以旁通安装以减少非加湿时间的能耗和减少维护。

2. 不同城市气象数据比较

第2.1.1节中介绍的室外温度可以作为热负荷的关联数据；供冷负荷的关联数据为室外温度、太阳辐射和湿量3个参数；除湿需要根据露点温度的分布情况确定工作时间。下面对4个城市：罗马、北京（寒冷地区）、杭州（夏热冬冷）、广州（夏热冬暖）的年均气象数据进行比较说明，以讨论不同气候区的特点与区别，见图2.1-4～图2.1-7所示。

4个城市各有自己的气候特点。以冬季气候条件为例：北京气温最低、太阳辐射也较少、基本没有降雨，寒冷而干燥；罗马太阳辐射最少、气温较低，但有最多降雨，因此会出现阴冷的情况；杭州最低温度也较低、太阳辐射也较低，且有较多的降雨，因此也会出现阴冷的情况；广州最低温度10℃左右、太阳辐射较高、降雨量也较大，因此在2～11

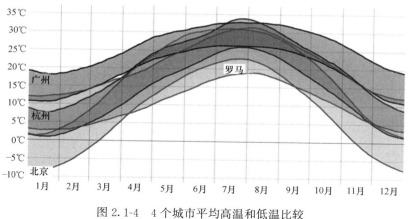

图 2.1-4　4 个城市平均高温和低温比较

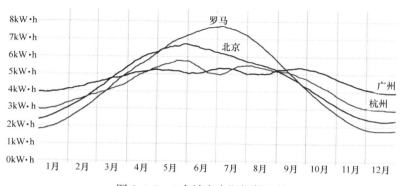

图 2.1-5　4 个城市太阳辐射比较

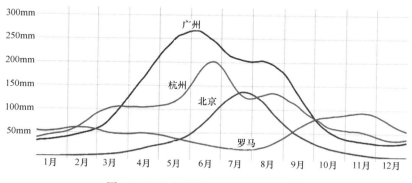

图 2.1-6　4 个城市月平均降雨量比较

月都有除湿需求，冬季为了对应寒流和减少湿度，也可使用辐射供暖。四城市相比，虽然罗马夏季温度不是很高，但由于太阳辐射值很高，因此需要遮阳处理减少阳光负荷。四城市对比结果见表 2.1-6 所示。

3. 中国典型气候特征

在中国的建筑区划中，有三个区域：长江流域（夏热冬冷）、华南沿海（夏热冬暖）和云贵（温和地区），其气候特点中湿度特别突出。

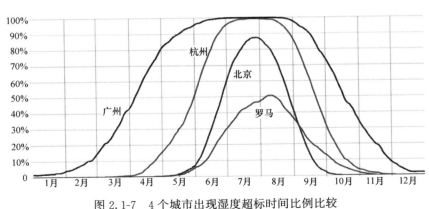

图 2.1-7　4 个城市出现湿度超标时间比例比较

四城市冬夏季气候特点比较　　　　　　　　　　　表 2.1-6

城市	季节	气温（℃）	太阳辐射（kWh）	月降雨量（mm）	除湿时间
罗马	冬季	3～12	1.8	90	6 月初～10 月初
	夏季	19～33	7.8	30	
北京	冬季	（-9）～2	2.4	60	6 月初～9 月初
	夏季	23～32	6.7	140	
杭州	冬季	1～8	3.0	90	4 月末～10 月中
	夏季	26～34	5.8	200	
广州	冬季	10～19	3.9	60	2 月末～11 月末
	夏季	26～33	5.3	270	

（1）长江流域气候特征

长江流域含四川、重庆、湖北、湖南、江西、安徽、江苏、上海和浙江。这个区域属于亚热带季风气候区，雨热同期。

以江苏省为例：基本气候特点是气候温和、四季分明、季风显著、冬冷夏热、春温多变、秋高气爽、雨热同季、雨量充沛、降水集中、梅雨显著、光热充沛。春秋较短，春季平均长度为 68d，秋季为 61d；冬夏偏长，冬季平均长度为 134d，夏季为 104d。主要的气象灾害有暴雨、台风、强对流（包括大风、冰雹、龙卷风等）、雷电、洪涝、干旱、寒潮、雪灾、高温、大雾、连阴雨等。上海、南京、武汉、重庆的城市气候数据对比见图 2.1-8 所示。

• 冬季：11 月到次年 3 月底。特点：寒冷干燥、有寒潮。

室内可能出现的问题：低温、高湿、空气异味、墙壁发霉、落地灰尘增加，感冒、肺部感染、高血压、幼儿和老年疾病增加。

• 春季：3 月底到 5 月底或 6 月初。特点：乍寒乍暖，雨水较多，潮湿阴冷。

室内可能出现的问题：供热供冷不能自动转换、墙壁发霉、容易着凉感冒、肺部感染、高血压、幼儿和老年疾病随冷热交替增加。

• 夏季：始于 5 月底或 6 月初，止于 9 月上中旬。特点：梅雨、伏旱、台风、龙

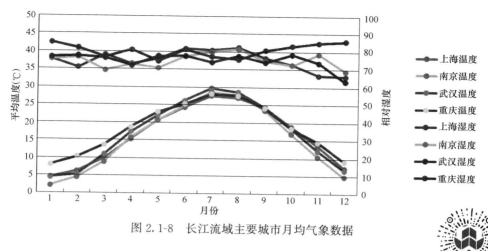

图 2.1-8　长江流域主要城市月均气象数据

图 2.1-8 彩图

卷风。

室内可能出现的问题：梅雨季节难以除湿、室内衣服等很潮、墙壁发霉、开空调忽冷忽热、冷风吹人、空气异味，过敏、肠道不适等疾病增加。

• 秋季：始于 9 月中旬，结束于 10 月底。特点：正常时，秋高气爽；不正常时，秋风秋雨愁煞人（平均 5 年 1 次）。

室内可能出现的问题：连续降雨会导致室内湿度高、空气异味，感冒和过敏等疾病增加。

（2）华南沿海气候特征

华南沿海气候地区包括：福建（部分）、广东、广西、海南和云南（部分），属夏热冬暖地区，具有类似的气象特点，可采用相同的室内环境对应措施。

其主要城市福州、广州、南宁的气候数据对比见图 2.1-9 所示。从月平均温度对比，广州和南宁温度接近，而福州在 1～6 月低于另外两城市。月平均相对湿度，广州在 10～12 月要低于另外两城市。

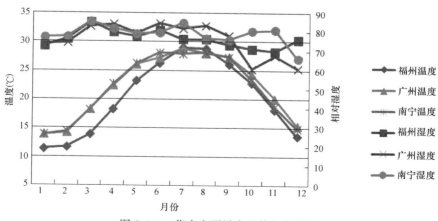

图 2.1-9　华南主要城市月均气象数据

1）季节特点

华南地区四季交替不明显，其主要特征是没有真正的冬季。一年之中除夏季之外就是秋季与春季相接。东部的大陆部分，4月下旬即进入夏季，11月初方有秋意。海南岛和台湾岛南部，3～11月均为夏季，终年炎热。

70%～80%的降水量集中于夏季5～10月，显示季风气候的特征，在集中程度方面，区内一般规律是：南部比北部大，西部比东部大。海南岛和滇南，5～10月的降水量占全年的80%～90%，干湿季特别明显。

5～11月可称为华南的台风季节。3～4月华南在副高北侧，冷暖锋面活跃，下的是连绵的锋面小雨；5～6月华南在副高西侧，主要降水为季风槽的暴雨，偶尔也有台风雨。华南最让人难受的天气是回南天，富含大量温暖水汽的副热带高压向北推进，与冷却了几个月的墙壁、门窗相遇，就都凝结成小水珠了，而连绵的阴雨和居高不下的湿度又阻止它们蒸发。好不容易西伯利亚高压强势把回南天赶跑，但东北风又回来了……，这就形成了春季不良天气：要么回南天，要么冷。

而冬季尤其是寒潮冷锋到来时的锋面雨＋降温＋北风导致非常湿冷，人体感受非常不好，被戏称"魔法攻击"。

2）降雨特点

雨量丰沛，降水强度大。华南地区濒临热带海洋，水汽来源充分，多数地区年降水量1400～2000mm，是全国雨量最丰沛的区域，而且雨热同期，很不舒适。福州和广州3～9月降雨较多，而南宁3～10月降雨较多。福州3月、广州12月的气温较低、降雨较多，会导致阴冷。

4～9月间降雨量占年降雨量的75%，暴雨是华南常见的降水形式。华南地区多数地方年雨日在150d上下。

3）太阳辐射

从太阳辐射来看，福建、广东太阳辐射较强，广西辐射较弱，阳光散射较多。

4）气象灾害

在春季2～4月，北方有较强的冷空气南下，与南方暖湿气流交汇，造成较长时间的低温阴雨天气，中等阴雨天气10年8遇。在寒露节前后，北方冷空气开始南侵，遇有较强冷空气时，也会造成低温天气（称寒露风）。

华南地区冬季不见霜雪，但如遇强劲寒潮，则有奇寒。一般来说，华南多数地方历史上的极端低温都在－4℃以下。

袭击我国的台风，80%是在华南登陆。

华南地区常见的气象灾害较多：阴冷、寒潮、暴雨、台风、回南天、高温。

5）大气污染

华南地区大气污染程度一般，常用的净化处理措施即可应对。

6）回南天

回南天是华南地区（广西、广东、福建、海南）的一种天气现象。每年3～4月，从中国南海吹来的暖湿气流，与从中国北方南下的冷空气相遇，形成静止锋，使华南地区的天气阴晴不定、非常潮湿，期间有小雨或大雾。回南天是天气返潮现象，它出现时，空气湿度接近饱和，墙壁甚至地面都会"冒水"，到处是湿漉漉的景象，空气似乎都能拧出水来。主要是因为冷空气走后，暖湿气流迅速反攻，致使气温回升，空气湿度加大，而建筑物的内壁还处于低温状态，其表面遇到暖湿气流后容易产生水珠，好像是墙壁和地板渗出水来了。在夏天，纵然有更潮湿的海洋气流，但墙壁和地板的表里不够冷，墙壁和地板还是不会出水的。

回南天与建筑内表面的温度有关，因此无法只用空气温湿度参数表示，要控制回南天时的墙壁结露和室内湿度过高问题，应使用其他设计分析模型。

7）梅雨天

梅雨主要出现于副热带季风气候区的中国长江中下游地区和中国台湾地区、辽东半岛，朝鲜半岛的最南部，日本的中南部，而世界同纬度的其他地区没有梅雨。这些地区每年6～7月都会持续阴天有雨，由于正是江南梅子的成熟期，故称其为"梅雨"，此时段便被称作梅雨季节。梅雨季里空气湿度大、气温高、衣物等容易发霉，所以也有人把梅雨称为同音的"霉雨"。连绵多雨的梅雨季过后，气候开始由太平洋副热带高压主导，正式进入炎热的夏季。

同纬度的美国东岸中纬地带夏季风来临前后就不会出现长时期的阴雨天气，人们从未有长期天气闷热之感，发霉现象也难以出现。梅雨是东亚地区特有的天气气候现象，在我国则是长江中下游特有的天气气候现象，一般发生在春末夏初。

设计标准中没有回南天和梅雨天的设计参数，只能根据人的感受、气候数据的特点确定除湿和供暖、供冷的需求进行创新设计。在回南天可能需要"供热＋除湿"，也就是除湿的同时还要加热，提高室内空气和墙壁的温度；而在梅雨天则需要"等温除湿"，也就是要在不降低室内空气温度的情况下除湿。有关室内气候的设计问题，将在第6章中进行介绍。

2.2 建筑热环境

2.2.1 建筑传热

随着室外温度等气象条件的变动，室内的温度也会发生变化。建筑物的外墙表面及窗户等的特性不同，决定了室内的环境也将有很大的不同。要对这些影响进行评价，首先要掌握外墙的传热、墙壁与空气间的热交换、物体之间的辐射等传热过程。

传热的基本形式有三种形态：传导、对流和辐射。热传导是固体、液体和气体中产生的热能转移现象。从微观上看，温度是由原子、分子及电子的振动及无规则运动产生的热能，从高温物体向低温物体传递的过程就是热流。建筑物的热传导主要表现为固体中的热传导。

对流是指液体及气体分子的运动输出热量的过程，与固体表面相接的流体间产生的热运动被称作对流传热。与热传导不同，其特点是随着流体分子的移动，可以更有效地输送热量。

辐射是以电磁波形式产生的热能输送，在建筑物的热传导中主要是通过物体表面间的辐射传热完成的。热传导与对流是通过物质粒子产生的移动实现的，而固体间的空间即使在真空状态下也会产生辐射传热。

1. 热传导

图 2.2-1 所示为热能通过外墙向室外传导的过程。外墙的外表面与外界之间除了会产

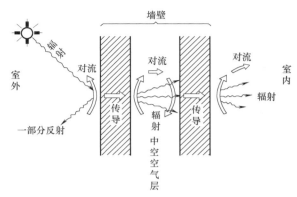

图 2.2-1 墙体的传热

生对流传热外，还可以获取太阳辐射产生的热能。墙体内部为中空时，通过中空部分的对流及固体表面之间的辐射，热能会传递到另一侧的内墙上。在室内一侧的墙体表面，除了会在室内空气之间产生对流传热外，还会向室内其他物体表面进行辐射传热。发生在建筑部位的热传递，是三种基本传热形式的组合。

稳态与非稳态热传导：以单一材料的墙壁为例，假设在初期状态下，包括两侧的空气温度在内的墙体内所有部位的温度都相同。如果室内空气温度从初始状态瞬间上升，并一直维持这个温度，墙体内部的温度就会从室内的一侧徐徐上升。经过一定的时间后，固体内部的温度分布就呈现为线性分布。也就是说经过一定的时间后温度被认为处于稳定的状态，这就叫作稳态传热。固体温度上升下降的实时状态被称为非稳态传热，如图 2.2-2 所示。

围绕建筑的外部环境和室内环境经常发生变化，所以建筑物的各个部位，基本处于非稳态状态。但在冬季，由于室内外温差很大，固体内部温度的非稳态情况不是很明显，一般被当作稳态进行计算处理。

表 2.2-1 是主要建筑材料的密度与导热系数。钢、铝等金属材料的导热系数高。从密度与导热系数的关系来看，整体上是密度越高导热系数也越高。而静止空气的导热系数很低，是不良导体。但在墙体中的空气层，由于存在空气流动，会通过空气流动传热。很多保温材料内部有封闭空气小空洞，洞的尺寸很小不会产生空气流动对流传热，这样就使得这些材料的导热系数下降。

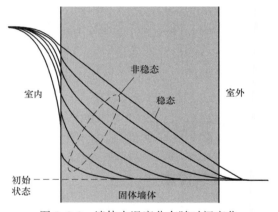

图 2.2-2 墙体内温度分布随时间变化

建筑材料性能表 表 2.2-1

材料名称	密度（m³/kg）	导热系数［W/（m·k）］
钢材	7860	45
岩石（重）	2800	3.1
铝	2700	210
普通混凝土	2200	1.4
木材（中等）	500	0.17
榻榻米床垫	230	0.15
橡塑保温	58	0.034
静止空气	1.3	0.022

2. 热对流

对流传热，也就是固体表面和与之相接流体间的热传导在墙体附近和远离墙体处是不同的。距墙体近，处于温度变化大的区域（温度边界层），因固体表面的影响所造成的空气黏性使得此处空气处于很难混合的状态，因此传热阻力大。在边界层的外侧，因黏性影响小，空气的混合充分，所以即使是相同的热流，其温度变化不大。对流传热的温度变化如图 2.2-3 所示。

3. 热辐射

辐射传热，物体表面会释放出与温度相关的电磁波。黑体（能够全部吸收入射的任何频率电磁波的理想物体）产生的电磁波强度是根据表面的绝对温度 T 确定的。来自太阳的辐射类似于6000K 的黑体辐射，在人眼可见光范围（0.3～

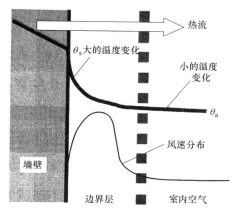

图 2.2-3　墙壁附近对流特性

0.7μm）有峰值。这种电磁波被称为"短波辐射"，太阳辐射是短波辐射的代表。建筑空间墙壁、顶棚及地面上的一般物体虽然其表面温度很低，但也会释放出电磁波，这些电磁波称作"长波辐射"，波长约为 10um，处于人眼无法看到的红外区域。与太阳辐射相比，长波辐射的发射源单位面积能量非常小。

入射到物质表面的辐射或者出现反射，或者被物质吸收，或者是透过物质。假设反射、吸收和透过的比例分别设置为 ρ、α、τ，三者之和为 1。不透明材料 τ＝0。

各种材料的短波和长波反射率、吸收率（辐射率）的数值如图 2.2-4 所示。

图 2.2-4 中太阳辐射吸收率与人眼所看到的黑色相对应，当物体涂上黑色后就会有效吸收太阳辐射。相反，长波辐射率与黑色不一致，除金属表面外，大部分建筑材料的长波辐射率，都在 0.9 左右。此外，透明玻璃可以透过大部分的太阳辐射，但对于长波辐射吸收率为 0.90～0.95。由此可以认为包括玻璃在内，除金属外的绝大部分建筑材料表面在长波频段（远红外线）中近似于黑体。

在建筑外表面上，其边界条件为室外气温、太阳辐射、夜间辐射等。外表面的辐射环境，包括太阳辐射的吸收、与天空及地面的长波辐射热交换。因与大气之间有对流传热，所以通过辐射传热、对流传热，热能就会从外部环境通过外墙表面传到室内。通过墙体内部的热传导，将热能从外表面传到内表面。

在室内，外墙的内表面与室内空气具有对流传热，而且在内墙、室内地面、顶棚等表面之间也存在着辐射传热。还有从窗户照射到室内的太阳辐射、来自室内照明器具的短波长辐射等室内表面的入射和吸收等。当通过来自外部热传导产生的热能与在室内表面的对流、辐射的热量进入室内，就是得热，反之就是热损耗。热损耗时热流的方向正相反，从室内向外墙表面移动。

这种通过外墙及窗户等建筑外表面的热损耗或得热是房间供冷、供暖负荷的要素，而且热流损失及太阳辐射遮阳也是建筑热性能。

4. 墙体外表面的传热

与建筑外表面传热有关的因素包括：与室外气温的对流传热、太阳辐射、来自天空的

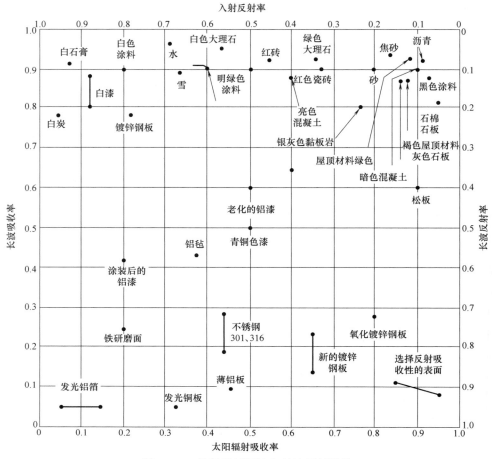

图 2.2-4　各种材料短波和长波辐射性能

辐射、来自地面的辐射（图 2.2-5）。以外墙为例，其中 q_{os} 是从外表面到墙体内部的热流；q_c 是从室外空气到外表面的对流传热；q_I 是外表面吸收的太阳辐射量；q_{Rs} 是由外表面吸收的来自天空的长波辐射（大气辐射）；q_{Rg} 是由外表面吸收的来自物体的长波辐射；q_{Ros} 是来自外表面的长波辐射。

建筑外表面传热计算所使用的表面传热系数、对流传热系数会受到风速的影响，而辐

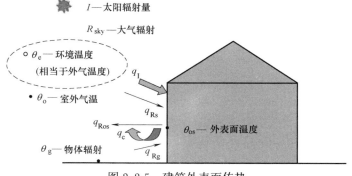

图 2.2-5　建筑外表面传热

射传热系统则会受到温度的影响。

5. 室内表面的传热

室内表面与室内空气产生对流传热的同时，还会产生室内各表面相互之间的辐射传热。因此室内表面的传热，特别是辐射传热，与外表面相比要更为复杂，但在实用性方面可以采用简便的方法。在供暖时，辐射传热系数往往要比对流传热系数大。传热中的对流传热部分受自然对流的影响大，所以地面及顶棚等的水平面，墙壁、窗户等的垂直面其热流方向不同，传热系数也不同，见表 2.2-2 所示。

不同条件的传热系数   表 2.2-2

传热系数	外表面传热		内表面传热		
	传热系数 $[W/(m^2 \cdot K)]$	条件	水平热流墙壁、窗户等 $[W/(m^2 \cdot K)]$	热流向上 供暖顶棚 供冷地面 $[W/(m^2 \cdot K)]$	热流向下 供冷顶棚 供暖地面 $[W/(m^2 \cdot K)]$
对流传热系数	18～20	风速 3m/s 左右	3.5	4～5	1
辐射传热系数	4.6～5.1	平均温度 10～20℃	5～6	5～6	5～6
	5.7～6.3	平均温度 10～20℃			
总传热系数	23～25		8～9.5	9～11	7～8

6. 墙体的传热

除窗户外，可将外墙、屋顶、地板等部位的得热、热损耗与墙壁一起进行讨论。不同部位按不同的构成材料设置时，墙壁是垂直的，地板是水平的，但屋顶却有水平或倾斜之分，部件的设置方向会影响对流传热。

7. 窗户的得热、热损耗

因窗玻璃很薄、传热阻小，从窗户流失的热损耗就会很大。所以为减少供暖负荷，窗户就要做到高保温。另外，阳光会透过玻璃照射到室内，因而冬天可以获取太阳辐射得热，减少供暖负荷；但如果夏季的太阳辐射得热过多就会增加供冷负荷，如图 2.2-6 所示。为确保窗户的采光以及保温性能二者并存，要求具有可随季节和时间来调整日光照射（含太阳辐射）的功能。

窗户的传热系数随单层、双层及不同玻璃辐射率的不同而异，图 2.2-7 为单层和双层玻璃的传热原理。表 2.2-3 为不同窗户的传热系数及太阳辐射热量吸收率和太阳辐射透过率。

在窗户及墙面处形成阴影的方法就是遮阳。太阳辐射会因季节、方位的不同而异，所以在遮阳时应加以考虑。遮阳的种类很多，如图 2.2-8 所示的屋檐及雨篷等，可以水平挑出或者垂直安装。

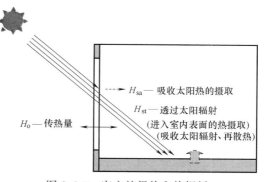

H_{sa} —— 吸收太阳热的摄取

H_{st} —— 透过太阳辐射（进入室内表面的热摄取）（吸收太阳辐射、再散热）

H_0 —— 传热量

图 2.2-6 窗户的得热和热损耗

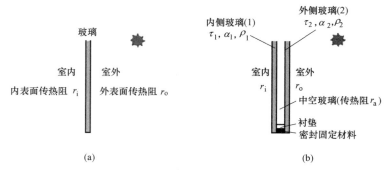

图 2.2-7　单层和双层玻璃的传热原理

（a）单层玻璃；（b）双层中空玻璃

玻璃窗的传热系数、太阳辐射透过率、吸收率和得热率　　　　表 2.2-3

| | | 玻璃窗透过率·吸收率 | | | 中空层传热阻（m²·K/W） | 外表面传热阻（m²·K/W） | 传热阻（m²·K/W） | 传热系数〔W/（m²·K）〕 | 吸收太阳热提取率 B_G | 太阳辐射热摄取率 η |
		透过率总和	吸收率（室内侧）	吸收率（外侧）						
单层玻璃两侧透明		0.79	0.14	—	—	0.04	0.151	6.6	0.037	0.83
双层中空玻璃	6mm+12A+6mm 内侧低辐射率（隔热）	0.63	0.11	0.15	0.156	0.040	0.307	3.3	0.090	0.72
	6mm+12A+6mm 外侧低辐射率	0.47	0.16	0.19	0.330	0.040	0.481	2.1	0.139	0.61
	（隔热·遮蔽热）6mm+12A+6mm	0.36	0.06	0.26	0.359	0.040	0.510	2.0	0.067	0.43

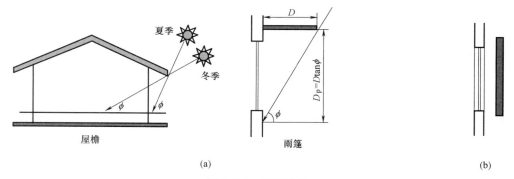

图 2.2-8　遮阳分类

（a）利用屋檐及雨篷调整日照；（b）利用窗面遮阳调整日照

2.2.2　散湿量与防止结露措施

建筑物各部位的表面温度低于附近空气露点温度时就会结露（表面出现冷凝水），按照结露产生的部位，可以分为表面结露和内部结露。

表面结露是指空气中的水蒸气在冷墙壁、窗户等表面形成水珠的现象。湿空气接触到露点温度以下的物体表面时，就会在表面产生水滴。

内部结露是指在墙壁和屋顶等内部所产生的结露。受室内外绝对湿度差（水蒸气分压）的影响，水蒸气在墙体内部移动。其结果是，绝对湿度分布在墙体的内部，但分布不均匀。当墙体内某一位置的水蒸气呈饱和状态（温度在露点温度以下）时，便产生结露。特别是温度变化大的部位，例如在隔热材料与混凝土主体的相接部分产生的结露情况也时有发生。

按结露发生的季节，可分为冬季型结露和夏季型结露。

冬季型结露指在室外气温低的冬季产生的结露。冬季地板、墙壁、窗户等室内侧表面的温度低，当室内湿空气达到饱和状态时，表面就会产生结露。另外在墙壁内也会产生结露。

夏季型结露指在室外气温高、绝对湿度大的夏季产生的结露，此时室外绝对湿度高而室内绝对湿度低。热容量大的墙体温度变化小、温升慢，当有热湿气流流入时，这些部位容易产生结露。在热带多雨闷热地区，当室内开启空调时窗户的玻璃外侧表面也会结露。受夜间热辐射的影响，冰冷的外墙表面也会产生结露（如晨露现象）。

1. 室内散湿量

1）人体及生活散湿量，见表 2.2-4 所示。

人体及生活散湿量   表 2.2-4

来 源	条 件	散湿量(g/h)
人体 （空气温度 20℃）	睡觉时	20
	坐着（安静）	31
	坐着（轻体力）	44
	坐着（中体力）	82
	起立时	75
	步行时	194
烹饪设备	煮面条（燃气灶）	431
	煮面条（电饭煲）	301
	煮菜等（燃气灶）	199
	煮菜等（电饭煲）	152
	煮鸡蛋（燃气灶）	180
	煮鸡蛋（电饭煲）	108

生活散湿量的总估算值为：（30～40）g/(h·人)。

2）通风及渗透散湿量

通风换气率：以室内体积计算的室内外空气交换量。

自然渗透率：以室内体积计算的室内外空气交换量。

$$W = G \cdot (d_w - d_n) \tag{2-1}$$

式中 W——通风及渗透散湿量，g/h；

G——进入室内未经处理的空气量 g/h，由通风换气率和自然渗透率换算而来；

d_w——室外空气的绝对含湿量 g/kg；

d_n——室内空气的绝对含湿量 g/kg。

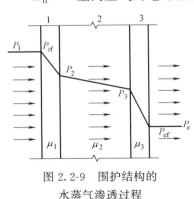

图 2.2-9 围护结构的
水蒸气渗透过程

3）通过建筑结构的散湿量

墙体两侧空气中的水蒸气分压（含量）是不同的，分压高一侧的水蒸气将向分压低一侧渗透。不同墙壁材料具有不同的水蒸气渗透阻力值，与墙壁传热计算类似，水蒸气压力差相当于温度差；水蒸气渗透量相当于热量；水蒸气渗透阻力相当于热阻。渗透过程如图2.2-9所示。可通过计算墙壁中不同材料的水蒸气渗透阻力来确定通过建筑结构的散湿量。水蒸气渗透量的计算如式（2-2）所示。

$$\omega = \frac{1}{H_0}(P_i - P_o) \tag{2-2}$$

式中 ω——水蒸气渗透量，g/(m²·h)；

　　H_0——围护结构的总水蒸气渗透阻，(m²·h·Pa)/g；

　　P_i——室内空气的水蒸气分压力，Pa；

　　P_o——室内空气的水蒸气分压力，Pa。

围护结构的总水蒸气渗透阻按下式确定：

$$H_0 = H_1 + H_2 + H_3 + \cdots\cdots = \frac{d_1}{\mu_1} + \frac{d_2}{\mu_2} + \frac{d_3}{\mu_3} + \cdots\cdots$$

式中 d_m——任一分层的厚度，m；

　　μ_m——任一分层材料的水蒸气渗透系数，g/(m·h·Pa)。

各种材料的水蒸气渗透系数可查《室内环境健康指南》附录Ⅰ。

冬季和夏季的水蒸气流动方向有可能是不同的。如果墙体内温度分布不均匀，便可能在建筑内部结露，液态水被建筑材料所吸收，如图 2.2-10 所示。由于建筑材料不能无限制地吸收液态水，因此墙体应该是透气的，在冬季墙体里的冷凝水（图 2.2-10 阴影部分）要在春季或夏季排出。不同材料墙体均允许有一定的吸水量，必须要对墙体的冷凝水量进行计算，以保证 10 年的冷凝水累积数量不超过允许值。这是建筑结构防潮设计的内容。

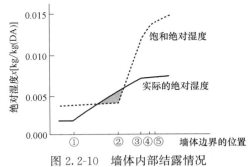

图 2.2-10 墙体内部结露情况

4）水面散湿量

不同空气温度、湿度及水温度的单位面积散湿量如表 2.2-5 所示。

5）材料吸湿和放湿

各种材料在不同温度及相对湿度下，其平衡含水量是相对固定的，可以查表 2.2-6 来确定。当室内温度和湿度变化时，会有水蒸气进入（吸湿）或排出（放湿）材料，其中的差值也就是除湿或加湿设备的负荷。

水面散湿量 表 2.2-5

室温 (℃)	相对湿度 (%)	水面散湿量[kg/(h·m²)]								
		20℃	30℃	40℃	50℃	60℃	70℃	80℃	90℃	100℃
20	40	0.24	0.59	1.27	2.33	3.52	5.39	9.75	19.93	42.17
	50	0.19	0.55	1.21	2.27	3.45	5.32	9.67	19.84	42.06
	60	0.14	0.50	1.16	2.20	3.38	5.25	9.59	19.74	41.95
	70	0.09	0.45	1.10	2.14	3.31	5.17	9.52	19.65	41.84
24	40	0.18	0.54	1.21	2.26	3.44	5.31	9.67	19.83	42.04
	50	0.12	0.48	1.13	2.18	3.35	5.22	9.56	19.71	41.90
	60	0.06	0.42	1.06	2.10	3.27	5.13	9.46	19.65	41.77
	70	−0.01	0.35	0.99	2.02	3.18	5.03	9.36	19.47	41.63
28	40	0.12	0.47	1.13	2.17	3.35	5.21	9.56	19.70	41.90
	50	0.04	0.40	1.04	2.07	3.24	5.09	9.43	19.55	41.72
	60	−0.04	0.32	0.95	1.97	3.13	4.98	9.30	19.40	41.54
	70	−0.12	0.24	0.86	1.87	3.02	4.86	9.18	19.25	41.36

不同材料中的含水率 表 2.2-6

序号	材料名称	干燥时密度 (kg/m³)	温度 (℃)	不同相对湿度时含水率（%）						
				40%	50%	60%	70%	80%	90%	100%
1	木材（松木）	500	5	8.78	10.35	11.95	13.95	16.75	21.73	31.30
			10	8.52	10.10	11.70	13.73	16.50	21.45	31.00
			15	8.26	9.85	11.45	13.52	16.25	21.18	30.70
			20	8.00	9.60	11.20	13.30	16.00	20.90	30.40
2	毛毡	120	0	8.80	10.00	11.20	12.90	15.90	23.10	36.60
			17	6.70	7.50	8.30	9.60	12.60	19.80	33.30
3	石灰岩	1300	0～35	0.06	0.07	0.08	0.11	0.17	0.25	0.37
4	红砖	1700	0～35	0.06	0.07	0.10	0.16	0.25	0.37	0.53
5	硅酸盐砖	1780	—	0.30	0.35	0.40	0.45	0.55	0.70	0.90
6	矿棉	150	20	0.08	0.09	0.11	0.12	0.14	0.18	0.60
7	泡沫混凝土	345	0～35	2.55	3.05	3.60	4.20	5.20	6.50	8.30
		660	20	2.00	2.30	2.85	3.60	4.85	6.20	10.00
		850	20	3.50	4.05	4.70	5.50	6.50	8.10	13.50
8	木质纤维板	200	20	5.00	5.70	7.00	8.90	11.50	15.80	26.00
9	刨花板	325	0～35	7.70	9.40	11.40	14.20	18.80	25.40	34.20
		200	20	5.00	5.70	7.00	8.90	11.50	15.80	24.00
10	硬泡沫	18	20	8.80	10.00	10.90	12.50	16.10	24.50	35.50
11	矿渣混凝土	920	0	1.25	1.47	1.70	1.95	2.25	2.75	3.65
			35	1.03	1.24	1.48	1.73	2.03	2.53	3.43

续表

序号	材料名称	干燥时密度 (kg/m³)	温度 (℃)	不同相对湿度时含水率（%）						
				40%	50%	60%	70%	80%	90%	100%
12	石棉水泥板	290	20	2.00	2.20	2.40	2.90	3.80	5.50	9.50
		415	20	2.30	2.60	2.90	3.40	4.50	6.80	13.50
13	黏土-稻草	1350	0	1.64	2.07	2.50	2.95	3.57	4.38	5.55
			35	1.34	1.69	2.05	2.51	3.12	3.93	5.10
14	硅藻土砖	480	0~35	1.05	1.25	1.55	2.00	2.85	4.45	7.10
15	矿毡	150	20	0.05	0.05	0.10	0.18	0.32	0.50	0.75
16	矿棉板	350	20	0.25	0.30	0.40	0.55	0.75	1.10	1.90
17	泡沫玻璃	375	20	0.05	0.08	0.11	0.15	0.30	0.80	3.90
18	软木	200	0	4.20	5.20	6.20	7.40	8.90	11.00	14.10
			35	3.40	4.10	4.90	6.10	7.60	9.70	12.80
19	软木板	160	20	1.90	2.20	2.55	2.95	3.50	4.20	5.60
20	焦油锯木板	320	20	5.00	5.70	7.00	9.50	13.00	18.20	30.00
21	泥煤板	225	0	8.90	10.90	13.00	15.10	17.90	22.20	28.40
			35	7.10	9.10	11.20	13.30	16.10	20.40	26.60
22	水泥砂浆	1800	20	1.00	1.05	1.10	1.30	1.75	2.35	3.30
23	锅炉矿渣	725	0	1.35	1.60	1.85	2.10	2.42	2.85	3.40
			35	0.95	1.17	1.40	1.65	1.97	2.40	2.95
24	夹层棉麻毡	130	20	4.80	6.10	7.60	9.40	11.80	14.90	18.50

2. 防结露措施

1）墙壁和顶棚表面的防结露措施

要解决墙壁和顶棚表面的结露问题有两个方法：①提高墙壁和顶棚表面的温度，这可以采用辐射供暖或对流（吹热风）的方式；②对室内空气进行除湿，降低室内空气的露点温度，使之低于墙壁和顶棚表面的温度。

2）窗户表面的防结露措施

窗户表面出现结露，主要原因是窗户内表面温度过低。但节能建筑窗户的传热系数已经大大降低，窗户内表面的温度大大提升，出现窗户内表面结露的现象已经大大减少。一般不需采取特别措施。

3）橱柜表面的防结露措施

橱柜内部结露的原因如下：①冬季室外温度低于室内，外墙内侧的温度也会低于室内。在壁橱内有物品的状态下，空气流动差，靠外墙内侧的温度低；②壁橱表面的湿气状态与室内基本相同，湿空气遇到低温表面就会产生结露。

要防止壁橱表面结露有以下对策：①壁橱内侧不能直接与外墙相连，如果相连就应进行充分的保温处理；②为保证空气流通良好，壁橱隔板应采用镂空板；③一般壁橱表面结露多发生在冬季夜间，这是因为室内有来自居住者及生活中产生的水蒸气。如果这种情况不能改善，可以在白天进行换气。即使夜间产生一些结露，但白天对室内和壁橱进行换气后，壁橱内就会干燥，每天的结露也不会累积。

4）屋顶内部的防结露措施

屋顶内部的尖顶部分会出现结露现象，严重时还会有水珠滴落。要防止这部分结露可采取的方法有：①对屋顶进行充分的保温，使其内层表面的温度接近于室温；②屋顶内部与室外进行换气，使屋顶内层的绝对湿度接近于室外空气，这样就不会结露。

5）墙体内部的防结露措施

由于室内外空气含湿量不同，其水蒸气分压也不一样。墙体是透气的，因此有水蒸气从水蒸气压（含湿量）高的空间向水蒸气压低的空间转移的情况。在冬季，这个方向是由室内向室外；而在夏天，这个方向则是由室外向室内。由于墙体内部不同位置的温度不同，因此有可能会在混凝土墙体内部析出冷凝水，这个液态水会被混凝土吸收，甚至部分为保温层吸收，但随着季节的变化，这些水分可以逆转，从墙体里析出成为水蒸气再进入室内或室外。

墙体应该是"透气"的，如果墙体不透气，则其吸收的水蒸气就释放不出来，在温度逆转后（比如夏天进入的水蒸气到冬天）就会转化为液态水直到被墙体吸饱和为止，此时墙体极易出现发霉等情况，因此墙体内侧不能刷防水涂料或者是阻止水蒸气扩散的墙板。

6）地面防结露措施

除了提高地面温度和降低空气的露点温度外，还可通过选择合适的地面材料来减少地面结露。地面材料可分为干式、湿式和吸潮式，其结露实验结果见表 2.2-7。

不同类型地面材料的结露条件 表 2.2-7

材料类型	地面材料名称	空气温度（℃）	结露时湿度（%）	地面温度（℃）
干式	素混凝土	26～26.5	100	29
	三合土	28～29	100	28～29
	木地板	27～29	100	27～29
湿式	水磨石子	27～28	90	25.5～26
	水泥	26～27	80～90	24～25
	瓷砖	26～27	80～90	24～25
	水泥花砖	26～27	80～85	23～25
吸潮式	白色防潮砖	26～27	90	22～24
	黄色防潮砖	24～26	90	25～25.5
	大阶砖	27	95	25～26

2.2.3 地下室温湿度特点

图 2.2-11 是不同深度土壤的温度分布曲线，可以看出不同深度的土壤温度是不一样的，从土壤表面向下存在滞后和衰减。这一点与墙体的非稳定传热类似。从土壤和空气温度的年变化曲线和日变化曲线，可看到两个特点：

1）随着土壤深度的增加，温度变化振幅越小（见图 2.2-11 中水平虚线相交的范围）。这是由于热量向上、向下输送过程中，每层空气或土壤都要留下一部分热量，所以越往上或下获得的热量就越少，温度幅度就越小。

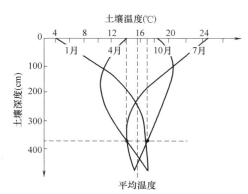

图 2.2-11 不同深度土壤温度分布

2）随着土壤深度的增加，地面温度传递到地下某个位置的时间也增加（见图 2.2-11 中垂直虚线）。如图 2.2-11 所示，1 月地面温度最低；而地下 380 cm 处，大概 4 月和 7 月的土壤温度最低，10 月温度最高，也就是说最低温和最高温相差 3 个月左右。滞后现象主要是因为热量的传导、输送需要有一定时间。

土壤深度为 Z，时间为 t 的土壤温度曲线可由式（2-3）来表示：

$$T_{(Z,t)} = \overline{T}_0 + A_{(0)} e^{\left(-\frac{Z}{D}\right)} \sin \omega \left(t - \frac{Z/D}{\omega}\right)$$

$$\text{（2-3）}$$

式中 $A_{(0)}$——地表面处的温度振幅；

ω——温度曲线的正弦角度$=2\pi/T$；

T——对应周期时间，如按天变化为 24h，按年变化为 365d；

D——土壤衰减深度，为：

$$D = \sqrt{\left(\frac{2K}{\omega}\right)}, \text{这里，} K \text{ 为导温率，} D \text{ 的单位为 m，} \omega = \frac{2\pi}{T}$$

其中 K——导温率，λ 为导热率。不同土壤的数值如表 2.2-8 所示。

不同土壤的物理性能   表 2.2-8

	砂壤土		黏土		泥炭土	
	40％孔隙率	饱和	40％孔隙率	饱和	80％孔隙率	饱和
$K(\text{m}^2/\text{s } 10^{-6})$	0.24	0.74	0.18	0.51	0.10	0.12
$\lambda[\text{J}/(\text{m} \cdot \text{s} \cdot ℃)]$	0.30	2.20	0.25	1.58	0.06	0.50

假设某地为饱和砂壤土，取全年 365d 为周期，则 D 值为 2.73m。

可以从气象数据中查到当地的地面温度，得到全年平均温度和逐月平均温度的数据。不同深度的温度变化可以根据式（2-3）计算得出，任何深度的年平均温度都是一样的，但温度振幅和滞后却有很大的不同。一般认为 6m 以下土壤温度年变化就可以忽略不计了，而地下负一层和负二层没有达到这个深度，因此墙体外的温度还是会按年变化的，而且负一层和负二层的冷热负荷是不相同的。表 2.2-9 是不同气候区城市土壤表面温度年均值和最热月平均及最冷月平均。

不同城市土壤温度性能   表 2.2-9

气候区	城市	年平均（℃）	最冷月平均（℃）	最热月平均（℃）	温度振幅（℃）
寒冷区	兰州	11.9	−7.3	26.8	17.1
	太原	11.6	−6.2	26.9	16.6
	北京	13.7	−5.4	29.4	17.4
	西安	15.0	−0.4	29.8	15.1
	郑州	16.0	0.1	30.6	15.4

气候区	城市	年平均(℃)	最冷月平均(℃)	最热月平均(℃)	温度振幅(℃)
夏热冬冷区	上海	17.0	4.1	30.4	13.2
	南京	17.0	3.1	30.9	13.9
	杭州	17.7	4.5	31.6	13.6
	合肥	17.7	3.1	32.3	14.6
	武汉	18.6	4.1	33.4	14.7
	长沙	18.9	5.6	34.3	14.4
	成都	17.9	7.0	27.8	10.4
	重庆	19.4	8.0	31.9	11.5
夏热冬暖区	福州	22.5	12.5	34.6	11.1
	南宁	24.3	14.0	31.0	8.5
	广州	24.6	15.6	31.4	7.9
温和区	昆明	17.1	8.7	23.0	7.2
	贵阳	17.3	6.4	27.6	10.6

对应土壤温度衰减率，计算公式如下：

$$A_Z = A_0 e^{\left(-\frac{Z}{D}\right)}$$

当 $Z=D$、$2D$、$3D$ 时，其衰减率 A_Z/A_0 分别为 0.37、0.14、0.04，可以看出达到 $3D$ 深度时，基本上就达到了恒温层。而地下室设计规范把 6m 作为恒温层，此处土壤温度等于全年地面温度的均值。以负一层地下室平均深度 1.6m 计算，衰减率为 0.56。以北京气候为例，土壤表面温度年平均值为 13.7℃，最低月平均温度为 −5.4℃，最高月平均温度为 29.4℃，地温波动为 −5.4～29.4℃，幅值为 17.4℃。而地下 1.6m 处，年温度波动范围为 13.7±9.4℃，也就是温度变化为 4.0～23.4℃。可以看出，如果来自地上部分的传热量（通过楼板）不是很大的话，地下室全年需要供热，而不需要供冷（在没有人群密集的情况时）。负二层地下室，年温度波动范围 13.7±2.4℃，也就是温度变化为 11.3～16.1℃，显然这个情况需要全年供热。

土壤温度滞后时间为 $Z/(\omega \cdot D)$，上述土壤条件以负一层地下室的平均深度 1.6m 进行计算，则年温波曲线的滞后时间约为 34d，也就是要滞后 1 个月左右。而如果以负一层地下室表面（3.2m）进行计算则这个滞后时间为 68d。这个时间差造成地上部分和地下部分的需要供暖时间不同，地下室需要延时供暖。

地下室墙体外侧的土壤空气含湿量可以看作是 100% 相对湿度。假设地下室冬季和夏季都处于热湿舒适控制状态，表 2.2-10 是北京地区地下 1.6m 和 3.2m 的月平均数据，其中第二行是室内露点控制范围，方向则是水蒸气由露点高的部分向露点低的部分转动。可以看出，水蒸气的移动方向在全年是不同的，因此墙体要有一定的吸湿能力。外墙内侧面不能使用不透气的涂料，以避免水蒸气无法穿过而在墙体内冷凝和发霉。穿过外墙体散湿量按经验估计为：0.5～1g/(m²·h)，保持干燥空气通风或除湿对于排湿是必要的。

月份	1	2	3	4	5	6	7	8	9	10	11	12
露点（℃）	2	2	2~6	6~16	6~16	16~18	18	18	16~18	6~16	2~6	2
土壤深度 1.6m	7.0	5.3	5.2	8.3	12.4	16.0	18.7	20.5	20.3	18.1	14.5	10.4
方向	内	内	内/外	外/内	外/内	外	内	内	内	内	内	内
土壤深度 3.2m	12.4	10.8	9.7	9.5	10.6	12.3	14.0	15.6	16.6	16.8	16.0	14.5
方向	内	内	内	外/内	外/内	外	外	外	外/内	内	内	内

地下温度、室内控制露点和水蒸气运动方向　　　　表 2.2-10

　　由于地下土壤温度滞后于地面温度和空气温度，因此当春季到来时，室外空气温度和含湿量已经开始增加，但地下室的墙壁和地面温度受外部土壤温度影响仍处于较低水平。在夏季也有类似的问题，此时墙壁和地面处由于空气湿度加大，容易出现发霉和结露的情况。解决这个问题的方法是：在春季，延时供暖和除湿双管齐下，而在夏季则以等温除湿为主。图 2.2-12 是北京地区地下室（－1.6m 和－3.2m）的月均地温，地温-当月最大日均露点温度的曲线分布，可以看出在－1.6m 时，最低地温出现在 3 月，从 3 月下旬到 9 月中旬都有结露风险；而－3.2m 最低地温出现在 4 月，4~9 月都有结露风险。

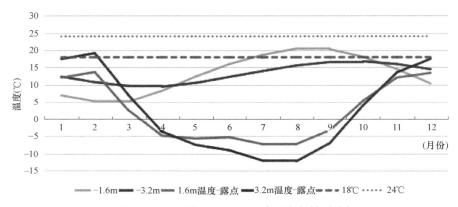

图 2.2-12　北京地区地下土壤温度与结露分析

　　也就是在春季和夏季地下室都有结露的风险。在春季可以采用延时供暖的方式提高墙体温度或除湿降低空气露点温度；在夏季则主要是采用除湿的方式来防止墙体发霉。因此地下室即使没有人也要从防止结露的角度来设计暖通空调进行供暖、供冷及除湿。从表 2.2-9 的数据看，寒冷区、夏热冬冷区和温和区地下室需要考虑延迟供暖结束时间或全年供暖以提高舒适度；对于夏热冬暖区则需要考虑部分时间供冷以提高舒适度；由于存在地下室外墙与室内之间的水蒸气运动，因此除湿在所有地区都是必要的。

　　负一层和负二层的供暖、供冷时间和供暖、供冷负荷有所不同，在系统设计时需要不同策略。

2.3　建筑节能

2.3.1　建筑节能设计标准

　　目前中国已经颁布的建筑节能标准包括：《公共建筑节能设计标准》GB 50189—

2015、《严寒和寒冷地区居住建筑节能设计标准》JGJ 26—2018、《夏热冬暖地区居住建筑节能设计标准》JGJ 75—2012、《夏热冬冷地区居住建筑节能设计标准》JGJ 134—2010、《温和地区居住建筑节能设计标准》JGJ 475—2019。

将上述后4个标准中的措施进行整理，见表2.3-1。

不同地区居住建筑节能设计措施 表 2.3-1

地　区	严寒和寒冷地区	夏热冬暖地区	夏热冬冷地区	温和地区
标准号	JGJ 26	JGJ 75	JGJ 134	JGJ 475
建筑朝向	有	有	有	有
体形系数	有	有	有	有
窗墙比	有	有	有	有
屋顶天窗比值	有		有	
传热系数	有	有	有	有
热惰性		有	有	
遮阳		有	有	有
门窗气密性	有	有	有	有
自然通风			有	有
屋顶和外墙隔热		有	有	有
被动式太阳能				有

公共和居住建筑节能设计标准实施后，建筑能耗会有一定程度的下降，改变了自然室温条件以及暖通的热湿负荷，对空调系统的设计和控制提出了新的要求。

2.3.2 保温措施与能耗

本节选取一个日本木屋住宅的实测数据，看一下提高建筑围护结构的外墙保温、使用低辐射玻璃窗户后的冬季和夏季实际能耗。

样板间为二层楼，每层面积为62.8m^2，地点在日本东京。样板1的围护结构为外墙保温层25mm，二层顶棚保温层100mm，使用单层玻璃窗和窗帘。样板2的围护结构为外墙保温层100mm，二层顶棚保温层200mm，Low-E低辐射双层玻璃窗和窗帘。两个样板的供暖期换气次数都是0.5次/h，但样板2在供冷期的换气次数为1.5次/h。

11~4月为供暖期，即使供暖期间的室温高于设定值仍会继续供暖；7~9月为供冷期，此时当室温低于设定温度时就关闭供冷。而过渡期的5月、6月及10月，既不供暖也不供冷。图2.3-1所示为日平均室温及日累计负荷，室温为起居室的日平均温度，而热负荷则是整个住宅的日累积负荷。年度的供暖供冷总热负荷也表现在图2.3-1和图2.3-2中。

从图2.3-1中可以看出，特别是在供暖期间，因保温标准不同，两个样板的日平均自然室温、日平均气温均有很大的差距，而日累积供暖负荷也不一样。日平均自然室温，因保温性能不同而产生极大的差异，这是因为照射到室内的太阳辐射热及室内产热在保温性能高时形成暖房效应而造成的。从样板2的图2.3-2中看出，供暖期间室温和自然室温的差值很小，且实际供暖期也很短，因此其乘积也就是供暖能耗也很小。而在供冷期间，样

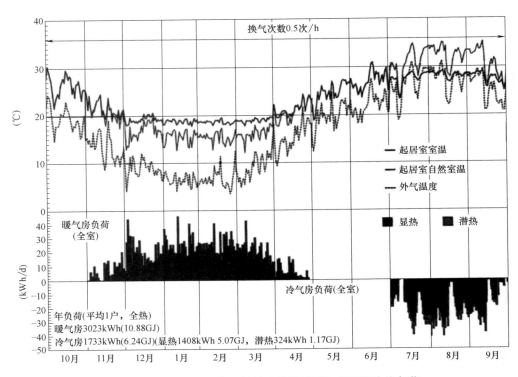

图 2.3-1 样板 1——普通保温建筑的日平均室温和冷热负荷

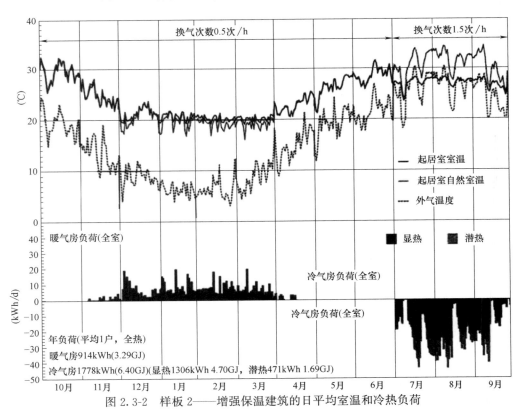

图 2.3-2 样板 2——增强保温建筑的日平均室温和冷热负荷

板2的供冷负荷与样板1几乎完全相等。考虑到有时室外温度比室内低，样板2在供冷期间加大了换气次数，这样做的结果是降低了显热负荷但同时也升高了潜热负荷。

建筑节能措施几乎都是有针对性的，如保温主要针对冬季室内外温差很大的情况，起到节能作用，但是保温性能的增加并不会减少夏季供冷能耗。而且有些节能措施在一种状态下起到节能作用，在另一种状态下反而会增加能耗。特别是夏热冬冷地区，建筑围护结构保温性能和气密性的增加，将会带来显热和潜热负荷比例的改变。比如，节能的住宅室内湿度更容易超标，新的节能建筑使用传统空调系统，其使用效果（用户体验）会下降。

我国还在不断推进建筑节能的发展，但随着建筑节能率的提高，室内气候系统要求的显热比却在下降。理论计算表明：被动房系统需要使用显热比小于0.5（$\varepsilon < 5000 kJ/kg$），而普通风机盘管（风盘）的显热比大于0.65，缺乏足够的除湿能力，难以匹配低能耗建筑，甚至需要再加热盘管产生能量浪费。

建筑节能对室内气候系统提出了全新要求，需要其全年运行。而室内末端产品、空气处理产品以及控制部分都需要进行创新，以便能在节能建筑条件下达到室内高舒适度的目标。

2.3.3 建筑能耗标准

建筑节能设计标准主要基于建筑热工理论、物理模拟和实际经验，而影响建筑能耗的因素还有很多，比如系统控制水平和用户的行为。为了真正达到建筑节能的效果，相关部门制定了建筑能耗标准，给出能耗的约束值，并实施能源阶梯价格等政策，推动建筑节能的落地。《民用建筑能耗标准》GB/T 51161—2016是我国的建筑能耗国家标准，也是进行暖通空调节能设计时的必备参考资料。表2.3-2给出了该标准提出的非供暖能耗指标。

居住建筑非供暖能耗指标约束值 表2.3-2

气候分区	综合电耗指标约束值[kWh/(a·H)]	燃气消耗指标约束值[m³/(a·H)]
严寒地区	2200	150
寒冷地区	2700	140
夏热冬冷地区	3100	240
夏热冬暖地区	2800	160
温和地区	2200	150

上述能耗指标是按3口之家确定的，当住户实际居住人数多于3口时，应按综合电耗指标和燃气消耗指标实测值进行调整。

按照《近零能耗建筑技术标准》GB/T 51350—2019给出的公式，结合各地气候参数计算得到的供暖、供冷和建筑能耗指标值如表2.3-3所示。

2.3.4 能源监测与节能

暖通系统的优劣可用能耗表示，但由于建筑保温措施不一样，因此单独一个住宅的能耗数据不一定说明问题。如果数据量增加，就能得到趋势性的结论。必须要监测记录、对比分析才能发现问题，提出节能改进对策。这里介绍一个实际案例。

近零能耗建筑能耗指标   表 2.3-3

气候分区	城市	HDD18	WDH20	DDH28	供暖能耗	供冷能耗	建筑能耗
					kWh/(m² · a)		
寒冷	兰州	3231.4	5.1	621.2	15	4.3	55
	太原	3115.0	1016.6	627.7	15	5.8	55
	北京	2794.8	4762.2	1793.3	15	13.7	55
	西安	2348.7	3657.6	2417.8	15	13.3	55
	郑州	2196.7	6405.7	2529.8	15	17.7	55
夏热冬冷	重庆	1103.6	10146.1	3063.2	8	24.3	55
	成都	1372.2	6178.6	979.3	8	14.2	55
	长沙	1553.9	11533.7	3025.6	8	26.4	55
	上海	1585.5	9826.6	1564.5	8	20.9	55
	武汉	1631.8	12216.7	4227.0	8	29.8	55
	南京	1935.9	10153.3	2869.7	8	24.0	55
夏热冬暖	福州	722.5	13532.7	3715.3	5	30.7	55
	南宁	430.9	19555.3	3912.6	5	40.2	55
	广州	394.1	19654.1	4133.5	5	40.7	55
温和地区	贵阳	1604.6	1796.8	325.2	8	6.3	55
	昆明	1224.4	3.9	11.4	8	3.0	55

【案例】　作者对无锡某企业空气源热泵地暖系统零售用户提供的用电缴费单进行统计分析，将每户电耗换算成每平方米建筑面积的电费（含生活用电）。共采集 29 个数据，以用户建筑面积为水平轴绘图，得到图 2.3-3。所有数据的统计平均值为 3.15 元/(m² · 月)，而对应市场上同类系统的电费普遍在 6 元/(m² · 月) 以上，说明该企业的系统和控制是相对合理的，也说明暖通空调系统的节能潜力巨大。

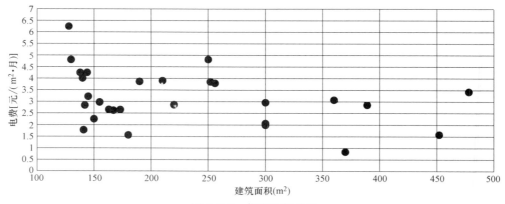

图 2.3-3　住宅电耗分析

从图 2.3-3 中看出，建筑面积较大的用户其费用较低，而建筑面积较小的用户其费用分布范围大。初步分析可能是住房朝向不同引起的能耗差异，但也不排除个别用户房间设定温度较高等原因。相信未来的暖通系统服务商可以把建筑能耗作为承诺指标写进合同里，以证实自己的技术水平。

对建筑能耗影响较大的因素有：热泵主机是否是变频、水泵是否是变频、主机配置与运行频率、水力系统、地暖回路管径及长度等。节能需要长时间的经验积累，不断改进设备、部件、水力平衡和控制的系统性能，综合起来才能达到更低的能耗。

本章参考文献

[1] 刘念雄，秦佑国. 建筑热环境（第2版）[M]. 北京：清华大学出版社，2016.

[2] 李明财，田喆，曹经福. 气候变化与建筑节能 [M]. 北京：气象出版社，2019.

[3] （日）宇田川光弘，近藤靖史，秋元孝之，长井达夫. 建筑环境工程学-热环境与空气质量 [M]. 陶新中译. 北京：中国建筑工业出版社，2016.

[4] 中国建筑科学研究院. 公共建筑节能设计标准 GB 50189—2015 [S]. 北京：中国建筑工业出版社，2015.

[5] 中国建筑科学研究院有限公司. 严寒和寒冷地区居住建筑节能设计标准 JGJ 26—2018 [S]. 北京：中国建筑工业出版社，2018.

[6] 中国建筑科学研究院. 夏热冬冷地区居住建筑节能设计标准 JGJ 75—2012 [S]. 北京：中国建筑工业出版社，2013.

[7] 中国建筑科学研究院. 夏热冬暖地区居住建筑节能设计标准 JGJ 134—2010 [S]. 北京：中国建筑工业出版社，2010.

[8] 云南省建设投资控股集团有限公司，云南工程建设总承包股份有限公司. 温和地区居住建筑节能设计标准 GJ 475—2019 [S]. 北京：中国建筑工业出版社，2019.

[9] 中华人民共和国住房和城乡建设部. 民用建筑热工设计规范 GB 50176—2016 [S]. 北京：中国建筑工业出版社，2017.

[10] 中华人民共和国住房和城乡建设部. 民用建筑能耗标准 GB/T 51161—2016 [S]. 北京：中国建筑工业出版社，2016.

[11] 中华人民共和国住房和城乡建设部. 近零能耗建筑技术标准 GB/T 51350—2019 [S]. 北京：中国建筑工业出版社，2019.

[12] 内部资料. 智能四恒技术资料. 2018.

[13] 中国建筑设计研究院. 人民防空地下室设计规范 GB 50038—2005 [S]. 北京：国标图集出版社，2005.

[14] 中国建筑标准设计研究院. 全国民用建筑工程设计技术措施（2009）防空地下室. 2009.

[15] （德）沃尔夫冈·费斯特. 在中国各气候区建被动房 [M]. 陈守恭译. 北京：中国建筑工业出版社，2018.

第 3 章

室内环境工效

　　室内环境工效是指采用工效学原理找出影响使用者在舒适、健康、工效和满意度等方面受益的室内环境参数，并据此为目标进行室内气候系统设计和实施。

　　在工程体系中，行业标准往往会给出固定的设计目标条件和指标范围，并以此确定交付条件，而不关心用户的个性需求和体验感受。以用户为中心的室内气候技术则需要另外一套体系，对基础设计条件的出处进行更加细致的研究和分析，采用更加有针对性的解决方案和系统功能、配置和智能控制设计，以充分满足用户的个性需求和体验感。

　　本书在《室内环境健康指南》（中国建筑工业出版社，2016 年）的基础上撰写而成，针对个性方案提供更多技术内容。有些内容并非定论的实验结果，仅供有技术基础的研究者学习参考。因此本章未对基础技术内容作详细介绍，相关基础部分内容可以参考本章给出的参考文献。

　　环境心理学是新兴的跨学科研究体系，旨在探讨社会和生态环境如何影响人类生存质量，人类应该怎样积极主动地构建更适合人类生存的社会生态环境，以期形成人类和社会生态之间的良性循环。

　　要生活舒适，就应该让生活和工作环境与身体相适应。环境心理学，就是考虑生态环境对人体的影响，从内部生态环境的角度来探讨健康问题、人的心理活动与疾病的关系。建筑不应该把居住在里面的人与自然隔离得越来越远，人类、居所与自然应当相互依存，彻底摆脱自然无疑是人类的悲剧。

　　工效学是跨学科的人类生态学的一个重要组成部分，以人的健康为中心、以提高生活质量为目标的技术美学和设计思想构成了工效学的基本内容。在改善人的家庭环境与工作环境、提高生活质量中起到积极的作用。工效学从解剖学、生理学、心理学等方面出发，研究"人—机（包括所有为人服务的设备）—环境（系统中交互作用的各种目标指标，如效率、健康、安全、舒适等）"指数在工作环境中、家庭环境中以及休闲情况下如何达到最优化的问题。

　　工效学中最重要的概念是"用户友好"，它是在设计制造直接为人类服务的各类物品的过程中，始终需要贯彻的指导思想。具体说，就是指人类的任何一种为自我服务的设计产品——从技术工艺复杂且尖端的飞机、大炮、飞船、电脑，到简单的日常生活用品如衣服、首饰、锅碗瓢勺等——都要让人在操作和使用它们时更安全、更有效、更舒适、更有人情味、更容易学会。工效学帮助人以身体作为真正标尺来衡量自己的需要，发现那些隐藏着的对人不友好的因素，使人身心健康。遵循工效学原理设计出来的物品，健康且经济。如长期使用不合适的椅子、书桌、灯光、床将抵消你每天健身运动的成效，瓦解你健康的生活方式。也许你能在不舒适的工作环境下凑合适应几小时，但长此以往，身体会疲劳和紧张。选择健康还是选择疲劳，这是用户确定设计目标的取舍。工效学还弥补了现代建筑研究中忽略的重要一环，即如何控制外界环境对人体健康的影响。

　　将合理正确的工效学原理放在产品设计原则的首位，设计出的新产品会使人耳目一新，越来越受到客户的欢迎。这些工效学产品展示了一个共同的概念，好的设计是从了解人的生理结构开始的，也正是因为人与人身体的不同，使工效学的设计更灵活多变。用户体验感是对一个设计构思或一个产品的最快、最准确的测试：轻松的操作是能够持续、健康的活动，而不方便的动作，让人在须臾之间就会感到头疼。

　　工效学要与之作战的不仅是敌意的产品，还有人类自身的懒惰。工效学就是找出那些隐蔽的让身体紧张疲乏的根源，然后动手去改变他们。开始时，工效学的效益可能并不明显，人们开始犯懒，于是就凑合。问题是，这样的生活短时间可以忍受，但如果日复一日年复一年的生活和工作在这种不舒适的环境下，给你造成的物理压力，会让身体付出更多代价。在不好的工作环境中一天下来，你是否感到视力已经无法再集中？每一次坐下会不会使腰痛加剧？是否经常被头疼折磨，在工作中无法集中注意力？

室内环境噪声会使人极度不安、好斗、无法集中精力，甚至听力失灵；不合适的光线会导致心情压抑、眼睛疲劳和头痛；室内空气质量不好，能引起过敏性头痛或者昏睡；不合适的温度和湿度，会造成冷、热、闷的感觉，严重的甚至令人无法正常工作。这些都需要从工效学角度分析解决。运用工效学原理改进的环境，会让身体更健康、生活更舒适、工作效率更高。

3.1 室内环境对人影响的研究

潜在室内环境主要指环境中的声音、光照、温度、湿度和空气质量等背景因素。这些因素在日常生活中稳定存在，虽然人们往往并不会有意识去知觉，但是来自潜在环境的感觉输入会对个体的工作效率、情绪和身心健康产生重要影响。在办公室环境中，环境温度、湿度是主要应激源之一，也是员工主动提出的主要环境问题之一。员工对环境温度的不满意率与对温湿度的投诉率之间存在显著的关系，员工的工作效率（思考和注意力集中）也会因此显著降低。

潜在室内环境效应的主要影响因素包括环境负荷等环境特征以及刺激过滤、感觉寻求等个体因素。当环境负荷过高或过低且持续较长时间时，往往会引发环境应激；而当个体认为自身的环境缺乏控制权时，就容易引起心理压力。

研究室内空气质量，尤其是空气污染对人的影响，目前的研究内容集中在：个体对空气污染的知觉、健康、工作效率和社会行为四个方面。

对空气污染的知觉取决于许多因素，其中包括对污染源的态度、个体感受性、对空气污染专业知识以及个体接触污染的经历、压力状况和焦虑水平。

尽管人们主要通过嗅觉和视觉感知空气污染，但事实上无色无味的污染源，比如一氧化碳等，其危害更大。研究表明：空气污染或由它引起的不快直觉并不总与污染的浓度一致，还与人对污染源的态度等因素有关，这就意味着对污染物的客观测量值仅仅是对实际暴露强度和结果的一个粗略估计，空气质量引发的实际后果评估需考虑心理因素的影响。

研究成果发现个体的压力状况、焦虑等对污染的知觉显著相关，处于应激状态中的人，更易受空气污染的影响。而焦虑会促使人们采取一些积极措施来减少污染；人们是否会改变行为避免或减轻污染的影响，则主要取决于他们对空气污染的性质和危害的看法，以及在健康方面的认识。

长期处于室内空气污染之中，易出现抑郁愤怒和焦虑等情绪障碍。当空气污染指数很高时，由于精神问题而拨打急救电话的次数会明显增加。较差空气质量会增加人的生活压力，增加对生活的抱怨。

空气污染的来源、成分和气味决定了办公室的空气质量，不良的空气质量会给员工造成压力。在各类建筑中低于每人 $30m^3/h$ 的通风率，总会与健康恶化问题的发生显著相关。患病态建筑综合征（SBS）的风险率会随室内 CO_2 浓度的降低而显著减小，当室内 CO_2 浓度降低至 800mg/L 以下后，患病的风险显著下降。研究表明：员工的工作满意度与他们对办公室中温湿度、空气质量和通风状况的满意率之间存在着正相关。降低室内空气污染可以改善居住者的舒适度、健康状况和工作效率，而高通风率与员工短期病假减少显著相关。

压力会导致生理、心理和行为上的应激反应。压力与某些慢性疾病和致命疾病的发生发展有密切关系，如果压力源长时间持续存在，就有可能导致精神紧张甚至某些慢性病的发生。有些压力源能被辨识出来，有些压力源可能是人毫无觉察的。室内环境中的空气污染、吹风、噪声等在人们毫无觉知的情况下也会导致疾病（病态建筑综合征），其中心理压力也是重要因素。如果压力源没有被排除或减弱的话，一些人就会出现慢性焦虑或其他症状。

现代社会节奏快，在工作岗位和工作场所中有各种压力源存在，而家是一个比工作场景更低压力的环境，减少家中环境的压力源，帮助业主降低压力水平（压力释放）促进自身健康。这正是健康住宅的核心诉求。

在实际室内环境中，需要运行暖通空调系统调节室内气候，如果系统不合理，将会产生新的压力源。其中包括：

- 系统运行产生的噪声，影响睡眠和心态；
- 湿度过大产生的发霉、"潮味"和细菌滋生；
- 空气质量不良，异味，PM2.5 过高；
- 冷风吹造成的身体不适；
- 不同区域冬季温差过大造成血压升高；
- 装饰不协调造成的心理不适；
- 设备频繁故障带来的焦虑心情等。

外界的刺激只有在被个体感知后，才有可能成为压力源。就在这个时候，个体、团队、环境变量才能对压力源和压力后果之间的关系产生缓冲作用，刺激一旦被感知为压力性的，就会激起一系列的生理、心理和行为后果。如果压力源长时间持续存在，则压力的短期后果会不断积累，转变为更严重更长期的后果。例如，当人们感到压力存在时，可能会出现肠胃不适的症状（压力的短期后果）；但如果长年累月处于同样或不同的压力之下时，可能会得肠胃炎（压力的长期后果）。

面对物理或环境压力源（如企业内有毒的化学浓烟、极端的温度、很强的噪声），身体会自动引发应对压力的生理反应。30％以上的办公大楼存在空气质量问题，人们在毫无察觉的情况下就可能引起病态建筑综合征。

长时间强迫人的机体去适应不好的室内环境会在体内产生长期的压力源，会导致疲乏、免疫系统出现问题，进而引发各种慢性疾病。病态建筑综合征的症状包括皮肤、眼睛、鼻子和喉咙过敏，神经系统不适应症（如头疼恶心、昏睡、疲劳），眼睛充血和鼻塞，感到周围有令人不愉快或不寻常的气味的情况。病态建筑综合征通常在空调工作环境和较差的室内空气质量情况下发生，现代工作场所中承受多种压力源交互作用的影响，也是病态建筑综合征的诱因之一。

并不是每个人都对环境压力有明显的反应，病态建筑综合征也不会每个人都发作，但综合压力大、长时间滞留、体质差的人会更容易发作。不同的用户其本身对降低环境压力源的需求不同，工作压力更大的人更需要更小压力环境的家，因此室内气候系统应该按用户个性需求定制。

家庭住宅是生活的避风港，在外部工作中遇到的各种压力要在这里得到释放，因此一个低应激、舒适的室内环境就显得十分重要；居住者在外部遇到的压力越大，对居住环境的低应激、高舒适要求就会越高。

研究表明：老年人对环境的要求与年轻人有所不同。以健康状况良好的 65 岁以上的老年人为受试对象，在以空调和地暖两种供暖方式下，老年人和年轻人的血压值变化不同。在不供暖时（室温 15℃），老年人的血压会有小幅上升。而很大的风险在于夜晚从有供暖的卧室去没有供暖的卫生间，温差较大，可能会导致急性血压升高。

对 13 项生活习惯与环境要素（打扫卫生频次、垃圾处理频次、室内是否放置植物、床上用品更换频次、晾晒衣物频次、室内吸烟与否、电脑使用情况、空调器开窗情况、室内油烟情况、室内潮湿情况、室内有无异味、室内灰尘情况、日照是否充足）与健康问题关联的研究表明：与居民慢性病患病率显著相关的是床上用品更换频次和室内吸烟与否；与居民呼吸道疾病患病率显著相关的是垃圾处理频次；与皮肤病患病率显著相关的是打扫卫生频次、室内油烟情况、室内潮湿情况和室内有无异味。

对慢性病、皮肤病和呼吸道疾病的发生率进行关联研究。结果发现，经常更换床上用品可使慢性病患病率降低 25%，而室内吸烟则会使患病率增加 50.2%；对于皮肤病，经常打扫卫生可降低 25.9% 的患病率，而室内潮湿、油烟、异味问题可使患病率分别增加 71.2%、35.7% 和 34.5%；呼吸系统疾病发生率与室内是否有人吸烟、每天使用电脑时间，以及室内是否有发霉情况密切相关。

有三种方法研究热环境对人的影响：物理学、生理学和心理学。

物理学研究方法将人视为一部热发动机，其内部产生热量，但又以同样的速率向外散热以便保持热平衡。在处理各种环境变量对散热的影响和构成舒适与热应力指标时，物理方法很有效。给出人体产热速率和皮肤温度，用传热机理知识就可以建立起人体的散热方程。但纯物理方法并不考虑人体本身对热和冷的反应，也不涉及不舒适的感觉。

生理学家对人体的功能感兴趣，研究人体对热和冷的反应机理，其目的在于认识包括诸如血管收缩和出汗这类反应的机理。但人体是一个十分复杂的系统，有许多冗余和相互影响的控制系统。例如汗液分泌的速率取决于人体深部的体温、皮肤平均温度、运动量、局部皮肤温度及其他一些因素。区别各种刺激作用是一个棘手的科学难题，假设学说需要实验来验证，需要对人体的各种热输入做独立实验研究。

心理学家关心的是人的感觉，对于给定的热刺激量，人的感觉究竟如何？任何定量描述不舒适程度或冷暖感觉的工作都需要借助心理学方法。感觉是不能直接量测的，必须通过观察相关的反应来加以推论，这就需要通过某个间接的途径来实现。心理学有不同的学派，如生理心理学家借助测量诸如心跳速度或皮肤电阻之类的反应以观察情绪和感觉之间的相互关系；心理物理学家则要求受试者用数值分度来评定感觉的强度，使感觉定量化，建立与物理刺激有关的评估方程；行为心理学家不相信受试者的判断能力，而宁可去观察热刺激出现后的行为变化。

3.1.1 温度调节生理学

人体有一个主动器官来控制自身温度，外界环境的改变都将引起人体状态的某些补偿性变化。体温有以下影响因素：

1）产热量：热量连续地在人体内产生。热量来自食物，食物的热值就是在消化过程中产生的热量，并被用之为能量。如果一个人的食物摄入经常超过他的总能耗，这个人就会变得肥胖，因为超量的食物被作为脂肪储存起来。直接测量热量的方法非常费时，通常的做法是借助量测人的耗氧量间接量测其产热量。1L 氧气对食物进行氧化所产生的热量输出，根据细碎食物的成分稍有变化，吃混合食物人的产热量约为 20.6 kJ。

2）核心温度：人是恒温动物，包括维持生命所必需的器官在内的人体中心区域温度保持在一个狭窄的范围之内，这一中心温度被称为核心温度。可以在三个位置进行量测：鼓膜、食道和直肠，每个部位的温度都是相对稳定的。

3）皮肤温度：尽管核心温度能在很宽的环境范围内保持恒定，但皮肤温度随外界温度的变化而变化，人体各处的皮肤温度都不相同。这些差异可以用自动温度记录仪，以及红外成像仪记录下来。前者采用许多皮肤温度传感器，包括热敏电阻和热电偶，将其固定在皮肤的指定部位，测量结果加权平均求得平均皮肤温度。温度调节系统的功能是针对核心温度而言，但这种调节是并不十分完善，会有好多因素影响实际结果。核心温度在人运动时升高；也受环境温度的影响，特别是在寒冷气候中。而且人与人之间的核心温度也是有差别的。

4）人体对环境温度的响应：一个处于休息状态的裸体男子的环境热中性温度约为 28℃，在这个温度下，人体处于热平衡中是不会出汗的。令人舒适的皮肤温度是 34℃。但如果环境温度降低，则人体就要降低皮肤温度，从而防止热损失增加。但如果温度进一步下降，人体就要产生冷颤，使代谢率增高，产生热量。但如果这些反应都不足以完全补偿由于较冷的空气所增加的热损失，则人体开始变冷，核心温度和平均体温也将会降低。如果温度升高到中性温度以上，第一反应就是扩张血管，让更多的血液输送到皮肤表面帮助散热。当环境温度高于 30℃时，人体就会出汗，这是去除多余热量非常有效的手段。皮肤温度和体内温度的升高速度要比环境温度升高速度慢得多。当人进行体育运动时，其核心温度被控制在比休息时更高的水平上，相对于环境温度的波动，人体的温度调节系统起着保持核心温度恒定的作用。核心温度是人体活动量的函数，而非空气温度的函数。反之皮肤温度则取决于空气温度，受人体活动量的影响很小。

5）温度调节：调节体温的控制系统是很复杂的，至今尚未完全清晰。系统控制最重要的参数是核心温度和平均皮肤温度，但它们的影响却因人体活动量和局部皮肤温度的不同而变化。某些温度调节过程是由身体里的生物激素控制的，多巴胺在体温调节中的作用已经引起了人们的重视。温度控制中心位于大脑的下丘脑部位。下丘脑对食物摄入、水分平衡、性行为以及核心温度等具有调节作用。下丘脑由几个分区组成，其中两个分区控制温度调节，称为前核、后核。当人体过热时，下丘脑前核可提供温度调节作用，也被称为散热中心，它综合了温度传感器和控制器的功能，只要下丘脑前核的温度稍高于其"设定值"，它就会发出神经脉冲，引起人体的血管扩张和排汗散热。一般该值为 37℃，在运动或发烧时会提高。但当环境温度高到甚至连湿润的身体也不能充分散热而保持在平衡温度时，温度调节就失效了。下丘脑后核负责促进产热抵御寒冷。人的恒温点不是固定的，主要取决于人体活动量。在较高的代谢率下，恒温点升高，直肠温度也被控制在一个较高的水平，有时会达到39.5℃。外部加热不能提高直肠温度，增加排汗量是应对外部加热的一种对策。在寒冷的环境中，代谢率的增加不足以维持体温，人体会被慢慢地冷却。人体的御寒能力比较弱，但有很强的热调节能力。对抗寒冷环境最有效的是行为，由寒冷导致的不舒适感强有力地促使人们生火取暖、增添衣服，这都是人在寒冷气候下的行为反应。

3.1.2 热感觉

对感觉的研究属于心理学的范畴，感觉是不能用任何直接的方法来量测的。当人们说他们凉快时，心理学家必须要了解他们指的到底是什么。热感觉并不能很充分地被表现出来，一个人对热感觉的感知也不能简单地用刺激的温度来加以预测。许多因素诸如面积、姿势、刺激的延续时间和人体原有热状态都在起作用。

1）热感受器：用一个小而尖的凉金属探针探测皮肤，就会发现大部分皮肤表面并不产生冷的感觉。热探测也同样。每$1cm^2$的面积中大约有3个热点和6～23个冷点，热点和冷点的位置是相对固定的，但热点和冷点不在同一位置。冷热点根源都是皮肤下面固定位置处的神经末梢，它们对热和冷分别是敏感的。有些部位没有探测出热点的分布密度，并不意味着这些部位感觉不到热，只能说明这些部位的热点不够敏感，且受实验技术水平限制，尚不能准确地探测到这些不够敏感的热点。迄今为止，解剖学上还无法在人体上识别出冷热感受器，但是通过冷热探针证实了它的存在。

2）作用面积：热刺激或冷刺激的作用面积越大，则受刺激的感受器就越多，感觉也会越强烈。

3）热感和生理状态：虽然人们习惯谈论一个房间的"暖"或"冷"，但实际人不能直接感觉到空气温度，感受到的不过是位于他自己皮肤下面神经末梢的热或冷。理论上可以根据一个人身体状况的信息来预测其热感及舒适感，然而事实证明这很难办到。而基于空气温度预测的热感觉更为准确。

在高于中性条件时，人的温度感觉会受到出汗影响。当环境温度上升到高于中性条件时，皮肤温度也升高到中性点以上，温度感觉也就因此增长。一旦开始出汗，皮肤温度就差不多保持恒定，而温度感觉只是缓慢地上升。

皮肤湿润度是皮肤实际蒸发散热量与同一环境中当皮肤完全湿润时产生的最大蒸发量之比。某个处于炎热环境中的人具有需要维持热平衡的排汗散热量。环境湿度升高不会改变出汗量，但会减少最大理论散热量，从而增加皮肤湿润度。这种皮肤湿润度的增加被感受为皮肤的"黏着性"增加，及热不舒适感的增加。

在热舒适环境中核心体温对不舒适感具有明显的影响。一个坐在38℃左右恒温热浴盆中的人，将会保持恒定的皮肤温度，但核心体温却不断地上升。如果他的最初体温比较低，那么一开始他所感受到的是中性温度。而随着核心体温上升，他将转为感受到暖和、然后是燥热、最后是无法忍受的过热。

在正常情况下，核心体温和平均皮肤温度是有联系的，但没有必要将它们对舒适度的影响区分开来。一般情况是由平均皮肤温度来确定冷感觉；而热感觉最初取决于皮肤温度，而后取决于核心体温；热不舒适感则视皮肤湿润度而定。

4）热舒适感：皮肤的温度刺激被局限在一个很小的范围内时，觉察它的方法在很大程度上受到核心体温的影响。受试者坐在浴盆里，浴盆中的水使他的周身暖和或冷却。当受试者把他的手伸到一个隔开的独立控制水温的水盆里时［水盆温度在不会感到热疼痛的范围（18～43℃）］，受试者可以连续判断水盆中的温度。受试者感觉不受其核心温度的影响，但其手部舒适感却取决于核心体温。在较低的直肠温度下，受试者可以发现较低的手温是不舒适的，而较高的水温则是舒适的。反之亦然。

由于热舒适是动态的，因此热舒适感不被室内气候技术定为一个积极的设计目标，热舒适感是随着热不舒适感的部分消除而产生的，而当获得一个带来快感的刺激时，总体热状况并不能被认为就是舒适的。当人体处于某个中性温度时也并不一定觉得舒适。"中性条件"或"避免不舒适感"则是传统的设计目标，这表明室内气候技术追求的"舒适"是减少外部环境中的刺激。

5）热感觉的标度：大多数有关热舒适的实用研究都已经直接用热感觉和环境温度之间的关系进行处理，并用标度来描述其热感觉。虽然热感觉并不是像温度那样的物理量，且感觉的量测是无法直接进行的，但仍然可以采用七点标度来量测热感觉。

6）暴露时间：经验表明人体各部位可适应不同的温度，如果把一根手指放入温水或凉水中，刚进入时的感觉将随着时间而逐步或完全消失。人长时间在同环境中，其舒适感会不会也发生改变呢？实验的确发现随着时间的增加，受试者会有逐步变冷的感觉，这是受试者逐步安静下来，从而引起代谢率下降导致的后果。这也表明舒适系统室内房间温度是需要调节的。

7）最佳温度的确定：舒适研究的一个主要目的是确定舒适温度，即在该温度下，一个人或一组人"最舒适"，或"对这一环境是最满意"。当用等级标度评定热舒适的感觉时，必须固定一个室温，而当受试者坐在室内达1～2h后，再收集其舒适感觉。实验需要在几种温度下分别完成，再根据测试数据做回归分析，最后方可估算出舒适温度。

这个舒适温度也称为最佳温度，它与其他舒适温度有所区别。而中性温度则对应于七点标准上的平均正常反应温度，是采用回归分析或偏差概率统计分析得到的。最佳温度和中性温度并不是一回事。

丹麦范格教授的研究工作获得了大量有价值的数据，其在实验室采用这种方法积累了大量资料。在所有情况下，空气运动、服装和人体活动量等物理条件相同的条件下，个体受试者的最佳温度的标准偏差量为0.6℃。

太热或太冷都会令人感到整体热不舒适。但此外还有多种局部不舒适的潜在环境，诸如脚冷或吹风感等。对热舒适的任何处理都必须在这些不舒适类型与环境物理变量之间建立联系，从而可推荐出这些变量的容许变化范围，这也就是预测不满意百分比 PPD 的概念。七点标度的中间 3 个等级（稍暖、正常、稍冷）被视为可接受范围，而之外则是对环境舒适状态不满意。

可接受的标准是根据人们以往经常受到刺激的范围决定的。人们根据其自身的经验来作出可接受的判断，但通常都会取最高接受水平，而且会随着舒适性的提升而提升。以噪声为例，如果某一地区的噪声水平整体降低，则人们无法接受的噪声水平也会下降。因此环境舒适度的提高并不会减少用户的抱怨量，要提升用户满意度只能靠不断解决用户的抱怨问题，提升用户的体验感。

越舒适越要舒适，人对舒适环境的满意度不是固定的而是不断提高的。高端用户永远对室内环境有不满意的地方，因此以"用户为中心"的设计要实现全周期管理服务，不断改进室内气候系统的舒适效果，让用户始终处于较满意的程度。

8）舒适温度范围：将七点标度中的 3 个中间等级作为可接受的舒适范围，这就能够得出在某一温度下过暖或过冷的人数比例，以此来统计预测。不舒适的局部原因也可以采用同样的方法处理。

一群人在恒温下的平均预测热反应的偏差由两个部分组成。第一部分是受试者之间的偏差，一个人可能始终会比另一个人需要更高一点的温度；第二部分是受试者自己的感觉偏差，也就是这次和下次的感觉不完全一致。研究表明：这两种偏差在数值上基本相等，大约为 0.8 个标度单位。也就是说：不同人的中性温度实际上是不同的，一些人始终较热或较冷。这也就是说，房间里需要设置温度控制面板，以便个体调节之用。如果一群人的中性温度不一样，不能用温度调节满足，则只能用行为调节，如穿不同的衣服、不同的工作状态（站立工作等）。

3.1.3 各种工况研究

环境是否舒适的最重要指标是整体舒适感，可以用舒适度和不满意度来加以预测。此外，还有一些其他环境特性也会影响局部舒适度，如吹风感、垂直温差、冷热地板（表面温度）、不对称辐射（辐射不均匀性）等。下面针对不同的工况进行介绍。

1）温度变化：当环境温度变化时，体温可能需要相当长的时间才会稳定到新的平衡温度值。如果周围温度下降，那么人体温度可能要若干小时才能在某个新的水平上稳定下来。但是人体热感觉的改变，则在人体温度改变之前发生。也就是说，当周围温度发生变化时，人体热感觉与环境温度之间的关系要比皮肤温度和核心体温之间的关系更为密切。

人体对温度的单调变化也称为温度斜率变化的反应，实际上是很重要的，因为若允许建筑物的温度在白天发生变化，则可显著地节省能量和减少冷热源容量；可在夜间使用电力来预冷和预热建筑物以取得节约效果。建筑物中温度变化的另一个原因是温度波动，实际上它可能是由于控制系统的震荡引起的。实验表明，当受试者进行脑力劳动时，其对温度变化的敏感度不及其静坐时。

不引起舒适度大幅度变化的策略：要么温度快速变化（间歇使用），要么温度更加稳定（连续使用）。而在使用者可以自行调节温度的情况下，其人为控制的温度范围为 ±1℃。

2）空气流动：当空气流过人体时，由于其冷却效应而能为人体所察觉。影响程度取决于风速及皮肤和空气两者之间的温差。低于 0.5m/s 的实际效果是不明显的，但高于 1m/s 时由于空气流动强度迅速增加，未加压紧的纸张往往会被吹跑因而引起用户不适。空气流动会带来冷却效果，若空气是凉爽的，当皮肤与空气温度差较大时，空气流动的传冷影响就会更大。但如果室内温度与热舒适温度相差很大，需要很大的风速才能达到冷却效果，而此时较高风速的风会导致人们的厌恶，因此利用气流降温提升舒适度的范围是有限的。而在有空调的房间内适当使用气流可以提高室内舒适温度、减少空调的能耗。

当无法提供整个建筑空间都能满足的条件时，比如阳光房，可以利用局部冷空气射流（空气淋浴）来减少环境的热应力，提高人体舒适感。

3）吹风感：不管建筑物被加热或被冷却，吹风感是最常见的令人不满的主要问题。吹风感一般被定义为：人们所不希望的局部降温，辐射吹风感也包括在内。

对吹风感的控制是在可能出现的地方测量局部风速。对吹风感的感知取决于气流速度及其温度，它们可能不同于周围空气。吹风的愉悦感取决于受试者的热状态。在相同的实际环境中，对于某个发热的人来讲可能感觉到愉快，但对于发冷的人来说，只可能感觉到讨厌。由于有很多变量影响一个人对吹风的感觉，因此很难定出一般可接受吹风风速的上限。除了吹风的速度和温度之外，还有下列一些因素必须加以考虑：作用面积和变化率、周围空气的温度、人体受到吹风的部位及人的温暖感等。产生不舒适感的最小风速约为 0.25m/s，约等于自然对流流过某个人体时的速度。吹风和自然对流边界层之间具有复杂的相互作用，而且可以认为边界层对低速吹风起到某种保护作用。

4）辐射供暖：辐射供暖系统产生的热环境取决于加热末端和建筑物的热特性。包含有平均辐射温度的指标，已经给出了平均辐射温度和空气温度的作用，并回答了平均辐射温度变化导致的温暖感与空气温度变化导致的温暖感是可以互补作用的。但仅仅借助于此还不能证明：辐射供暖是否或多或少地比热风供热更为有效。在产生相同温暖感的情况下，和热风供暖系统相比，采用辐射供暖通过墙体的传热损失会大一些，而通风造成的热损失则小一些。两种系统的相对能量消耗高低取决于该建筑的传热损失和通风损失之比。

热风供暖可能会产生温度梯度，也会产生吹风感，而且冷表面的单向辐射也会引起不舒适，因此辐射供暖才会被使用者认为是"更舒适"的供热方式。由于建筑节能水平提高，辐射供热的墙体传热损失大幅度减少，这也提高了室内舒适度而同时降低了能量消耗。

5）地板供暖：地板供暖是将热水管道或电热电缆埋入地板结构中，加热整个地板面以获得均匀的温度。地板供热的一个优点就是所需的热源温度不高，这样就能使用热泵和太阳能一类的热源，而使用这些低温热源的低位热量工作是节能的。

一个刚睡醒的人，其脚部温度低于平均皮肤温度；但当他睡着时，其脚部温度就会急剧上升。加热脚部会克服总体血管紧张度并产生局部的血管扩张，这可能会引起不愉快的感觉。脚部产生热胀感，在极个别情况下可能会使人的体温调节系统失常。穿鞋在热地板上走动时，在短时间是不会出现不舒适感觉的，但是时间长了会引起不舒适，因此地面温度需要受到限制。

6）顶棚供暖：加热的顶棚主要是通过辐射将热量散发到室内，在顶棚下面会形成热空气层，且由于热空气的自身浮力其一直保持在顶棚下部。顶棚供热的对流换热系数较低，只有辐射传热系统的 $1/6$。顶棚传出来的辐射热先加热地板、墙和家具，然后再间接加热空气。其结果是通过顶棚供热，在供热房间内产生相当均匀的空气温度，房间表面特别是地板表面的温度，会略高于空气温度。

与地板供热相比，由于顶棚供热的对流传热系数低，会造成总传热低，同样的供热量需要更高的供水温度，且由于顶棚供热的蓄热量较低，以此也需要配较高的供热能力及需要变水温来调节供热量。

7）辐射供冷：空气调节采用循环流动的干冷空气冷却整个建筑物，而辐射供冷则是利用辐射方法提供舒适的冷却效果。通常辐射供冷安装在顶棚处，主要有四种结构方式：①管道埋在结构中，具有非常大的蓄热能力；②金属辐射板，没有蓄热能力供冷反应速度快，防结露控制要求高；③石膏面辐射板，有一定的蓄热能力，石膏板内多孔可减少结露；④毛细管网，现场湿法施工，工作量较大。

辐射供冷利用辐射和对流方式，其总传热系统与地板供暖相同，从室内排出显热，间接降低空气温度。冷辐射表面温度不能低于空气露点温度，否则就会产生严重的结露现象。受此制约，辐射板需要很大的铺设率（一般要求大于70%），几乎可以覆盖顶棚的所有有效面积，相对于室内人员具有相当大的辐射角系数。平均辐射温度低于空气温度，从而产生附加的冷却效果。也可将该辐射板用于冬季供暖。

在潮湿气候条件下使用辐射供冷必须先启动除湿系统。除湿系统一般与新风功能合并在一个系统中，除湿量应随室外气候的变化而自我调节，中国东部地区室外含湿量要比欧洲高许多，因此在不能增加处理风量的情况下，需要采用"深度除湿"方式对应。室内空气露点越低，供水温度就可以越低，这样辐射供冷提供的冷量才可以更大。

8）辐射吹风感：冬季当人体附近有一个冷窗户、幕墙或者冷墙时，就会产生不同方向的较大不对称辐射，造成热不舒适感。靠近冷表面时身体一侧所增加的热损失会导致局部冷感或不舒适。其不舒适感觉与柔和冷吹风的情况几乎难以区分，因此称之为辐射吹风感，但实质上就是一种不均匀辐射。

9）冷地板：冷地板是指地面温度低于空气温度，脚部寒冷是坐着的人们感到不舒适的最常见原因之一。虽然地板温度和地板材料部分地影响脚部舒适感，但决定性影响因素还是人体总的热状态，当一个人整体温暖时，他的手足末梢循环良好，那么当手足轻微受凉时，其对舒适度几乎没有影响。人体上部空气温度对脚部的影响，远大于脚部周围局部空气温度的影响，局部空气温度只会稍微影响到脚部皮肤温度而不足以引起任何热感觉方面的变化。

一个静止不动却感觉稍冷的人其脚部供血量会有所减少，下肢几乎或根本无热量产生，腿部和小腿逐渐变冷并接近空气温度。

冬季办公室通常所保持的温度乃是综合考虑了不同活动、不同衣着人们的需要，这一温度一般为20～22℃，该值低于暴露时间为3h的穿着薄衣静坐的人体的最适宜温度25.5℃。办公室某些工作人员长时间坐着工作，那么可以预料某些工作人员将因腿部寒冷而不舒适。如果腿部和小腿有良好的保温，就会降低冷却速度，使不舒适感延迟发生。

尽管地板材料对赤脚的舒适感具有强烈的影响，但是对穿鞋的脚影响却很小。当然这一结论是假定地板温度等于空气温度。但实际上，诸如混凝土那样大块的高导热性的材料可能会影响脚部的舒适感。如果建筑不连续供热，则地板温度将要低于室内空气温度，这样就会在脚附近产生局部寒冷，而需要配置诸如软木或地毯之类的轻质保温层，使地板表面温度增加。

3.1.4 湿度和空气质量

湿度是表示大气干燥程度的物理量。在一定的温度下、一定体积的空气里含有的水汽越少，则空气越干燥；水汽越多，则空气越潮湿。空气的干湿程度叫作"湿度"。在此意义下，常用绝对湿度（含湿量）、相对湿度、露点温度及湿球温度等物理量来表示。

湿度，一般在气象学中指的是空气湿度，它是空气中水蒸气的含量。空气中液态或固态的水不算在湿度中。不含水蒸气的空气被称为干空气。由于大气中的水蒸气可以占空气体积的 0%～4%，一般在列出空气中各种气体的成分的时候是指这些成分在干空气中所占的比例。

单位体积的空气中含有的水蒸气的重量叫作绝对湿度。由于直接测量水蒸气的密度比较困难，因此通常都用水蒸气的压强来表示。但空气的绝对湿度并不能决定地表水蒸发快慢和人对潮湿程度的感觉。人们把某温度时空气的绝对湿度和同温度下饱和气压的百分比叫作相对湿度。相对湿度用空气中实际水汽压与当时气温下的饱和水汽压之比的百分数表示，取整数。

露点温度是表示空气中水汽含量和气压不变的条件下冷却达到饱和时的温度，单位用摄氏度（℃）表示。露点温度也是比较难以直接测量的。

湿球温度指在绝热条件下，大量的水与有限的湿空气接触，水蒸发所需的潜热完全来自湿空气温度降低所放出的显热，当系统中空气达饱和状态且系统达到热平衡时系统的温度。具体做法是：一支包有保持浸透蒸馏水的脱脂纱布（湿球）的温度计，放到要测试的气流中，湿球从流经的空气中不断取得热量补给，稳定后的温度就是湿球温度。

从第 1.1 节焓湿图介绍中可以看出，只要有 2 个空气参数就能通过焓湿图查得其他参数。在实验室中，测试干球温度和湿球温度；而在实际环境中，测试干球温度和相对湿度、室内湿度有以下来源：

① 人体及生活散湿量；

② 通风及渗透空气带入的湿量；

③ 通过建筑结构的传湿量（正或负）；

④ 水面蒸发散湿量；

⑤ 材料吸湿（负）和放湿（正）。

1. 湿度的不良作用。湿度的不良作用可以从两个方面来看，一方面是湿度对人的影响；另一方面是湿度对建筑结构、装饰和家居物品的影响。因此，建筑内部需要全天/全年进行湿度控制，以避免湿度不良作用发生。

湿度的影响也可以从另外两个方面来看：一方面是湿度不足，也就是干燥的影响；另一方面是湿度过高，也就是潮湿的影响。这两方面影响，短期作用影响人体的感受、长期作用影响人的健康。比如干燥容易造成皮肤、眼球发干发涩，头发和衣服上产生静电，造成人体和生活不舒适；而潮湿会让人感觉到发闷，衣服潮湿穿着不舒适并容易滋生细菌。

传统的空调系统以温度作为控制目标，一般只在建筑有人时才开启运行。这样的间歇工作是无法有效控制室内湿度的，因此也无法避免湿度给建筑、家居带来的不利影响。

在欧洲，夏季大气中的含湿量要比中国东部地区低得多，因此其除湿需求也比中国要少得多。在中国东部地区，需要除湿的时间为 5～12 个月，要比需要降温的时间长很多。由于空调除湿会带来降温的情况，不能完全解决湿度问题，需要创新的湿度控制解决方案。

2. 湿度控制范围。湿度控制范围包含两个内容，一个是从人体舒适和健康角度确定湿度范围；一个是从对建筑结构、装饰材料和家居物品的保护方面确定湿度范围。

从舒适和健康角度来看，含湿量（露点温度）比相对湿度更能准确描述由于湿度过高产生的生理和心理体验。由于难以实测露点温度，因此实际控制中都是根据实测得到的干球温度和相对湿度换算成露点温度来衡量的，气象学整理出感觉与露点温度的关系见表 3.1-1 所列。

舒适感与露点温度的关系　　　　　　　　　　　　　　表 3.1-1

感觉	干燥	正常	合适	潮湿	闷	闷热	难忍
露点范围（℃）	<2	2～13	13～16	16～18	18～21	21～24	>24
含湿量（g/kg）	4.3	9.3	11.4	12.9	15.6	18.9	18.9
说明	冬季	过渡季	夏季和过渡季				

对人群来讲，夏季可以用露点温度单一条件来判断室内环境的"湿舒适"水平，一般以低于 16℃ 为优良条件，而低于 18℃ 作为可接受条件。

但对建筑结构、装饰材料和家居，更适合用相对湿度进行控制，如图 3.1-1 所示。

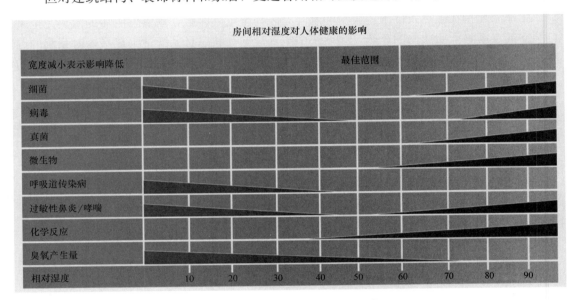

图 3.1-1　湿度对室内环境的影响

3. 湿度处理。湿度处理中，地上部分和地下室部分的处理方式有所不同。不同气候区，可根据全年加湿、除湿时间及对应的供暖、供冷时间来设计一体化系统来保证全年的湿度。

由于湿度控制也应连续进行，较好的方案是与新风系统一并进行产品设计、系统设计和控制设计。

湿度处理设计条件与当地气候特点密切相关，目前设计标准中缺少湿度处理的室外设计条件，需要对当地气候数据进行分析处理得到设计条件。由于地理差异，相邻的城市其湿度设计条件会相差很大，因此在一个新城市进行项目设计前需要先作好气候评估，确定其气候特点再归类进行室内气候的方案设计。目前很多实际案例的除湿效果不理想，在很大程度上是因为没有考虑气候因素差异，或对室内散湿量估计过于保守（许多设计没有估算从墙体渗透进来的水蒸气量）。

4. 空气质量。由于人本身和生活活动的污染物释放，以及建筑结构、装饰材料和家居物品的污染物释放，室内空气中的污染物浓度会越来越高。因此需要引入室外空气来稀释这些污染物。通常的做法是开窗自然通风，但在很多情况下，自然通风的通风量不能满足室内空气质量的要求，或者因其他问题而不能开窗。这时需要使用机械通风的方式来保证。

换气是指以提高室内空气质量为主要目的，以及排除室内余热和余湿而进行的室内外空气交换。而通风是指将室外风引入室内，通过提高人体周围的空气流动增加凉爽感。但是不是很绝对，因此一般的处理也被泛泛地称作是"通风换气"。

通风换气的目的有以下几种：①室内空气的稀释净化；②排除室内的热量；③为室内燃烧设备提供氧气；④去除室内空气中的水蒸气；⑤排除室内的臭味和有害气体。

换气时，室内空气并不是处于完全混合状态。污染物浓度在室内的分布是不均匀的。对应这些不均匀的污染物分布，所采取的换气结果就是做换气效率。有2个概念与换气效率有关：①顺畅地向所需的地点提供新鲜空气；②迅速地排除室内空气中的污染物。

也可以采用空气龄、空气余龄和空气寿命来描述换气效率。有一个进风口和排风口，这时从进风口进入的室外新鲜空气，到达图3.1-2中P点所需时间被称作空气龄。人在P点时，空气龄越小就越能得到更新鲜的空气。而从P点到排风口的时间，被称作空气余龄，空气龄和空气余龄之和称作空气寿命。

全面换气是指室内空气被室外来的空气稀释、替换的排气方式，通常用在住宅房间和写字楼中。局部换气则是将工厂及厨房等局部产生的污染物排放到室外的排气方式。

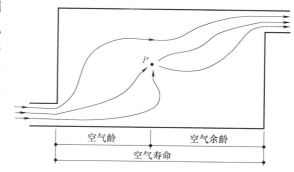

图3.1-2 空气龄和空气寿命

有些室内污染源在释放污染物的同时释放热量，这时置换换气方式的效率就会很高，换取方式十分有效。由于有上下温度梯度，室内污染源产生的低速上升气流会把污染物带走。这种方式的换气效果好，只要上升气流不散开，室内人员所在处的空气质量也就较好。

5. 气味来源。虽然空气质量标准的资料制定采用污染物浓度这一准确的物理数据，但实际上使用者嗅觉往往被用作室内气味的评价条件。当人们在住宅中能够控制通风或在房间中有可开启的窗户时，通常是由于室内气味不好或湿气过大而决定进行通风换气。而在有空调的建筑中，如果气味难闻，则人们一定会抱怨室内通风质量不佳。

气味是各种不同物质的混合物，有气味的物质数量很多且难以准确测量。人鼻子对气味是灵敏，特别是当从室外进入室内的时候灵敏度最高。虽然气味强度可以用人的嗅觉进行评测，但是嗅觉容易疲劳，察觉能力会随时间的延长而迅速下降。而且气味的敏感程度会因人而异，因此室内空气质量中气味的控制，更需要一个柔性系统可以根据用户的投诉来做对应处理。

建筑内的气味可能源自人们的身体，即使清洗得十分干净的人也会散发出一种混合的气味，当达到足够浓度时，会产生令人不愉快的气味。不同人体所散发的气味差别很大，与个人卫生情况有关。器官的释放量是变化的，不是一个常量，因而用来稀释气味的通风量也应该是变化的。由于气味产生量多与人体活动量有关，因此也与产生的二氧化碳成正比。这样的话对气味的控制就可以通过监测到的二氧化碳浓度来控制，以满足需求。二氧化碳浓度设定值影响通风量，设定值越低，通风量越大。

还有一些气味源自建筑材料，或者装修和家居物品。气味与建筑内部各种材料的使用量有密切的关联。而且不同材料，其每单位表面积的气味释放量也不一样。这种情况下，承载率表示了单位体积的室内空间能使用装饰材料的最大容量（以释放气味的表面积计算），当然单位表面积释放量少的（环保）材料的承载率可以提高。这样的话，通过对承载率的控制，加上单位体积的保证通风量（换气次数）来保证室内空气质量。

6. 气味控制。最普通的气味控制方法，就是通风，利用室外新鲜空气进行稀释。但在某些情况下，这并非最好的方法，因为室外空气本身可能被污染，或者通风能耗太高。用较大的通风量稀释气味浓度的做法并不完全可取，提高换气效率也许是更好的选择。

对室内气味释放量特别大的房间可以用净化的方法去除气味物质，如用活性炭过滤。活性炭是一种表面积很大的物质，由煤炭、椰子壳或泥炭等材料经过碳化制成。当带有气味的空气通过活性炭床时，气味被活性炭表面所吸收。每隔一段时间，活性炭床吸附满了之后就必须要更换。

如果气味物质是可溶的，可以用喷水的方法净化空气。也可以在水中加入高锰酸钾之类的氧化剂，以提高净化效果，但要特别注意添加的物质不能带来新的污染。

3.2 舒适与健康环境标准介绍

3.2.1 室内环境的舒适和健康条件

1）什么是环境舒适？

舒适主要是人的主观感觉。影响舒适度的因素与条件十分复杂，这是一个因人而异且很难量化的概念。具体指大多数人对客观环境生理与心理方面满意的状态。

舒适度的涵盖内容非常广泛，如人体舒适度、气候舒适度、座椅舒适度、汽车舒适度、居室舒适度等。其中人体舒适度指人体的热平衡机能、体温调节、内分泌系统、消化器官等生理功能受到多种气象要素的综合影响。室内环境舒适度是指用户对室内环境品质的综合评价。其受到空气温度、平均辐射温度、空气湿度、气流、空气清新度、噪声、空间设计、色彩、照明等诸多因素的影响，而且还受到人的健康和心理因素的影响。

2）热感觉、热舒适、热适应

热感觉是人体对周围热环境是"冷"还是"热"的主观描述。热感觉是人体众多感觉中的一种，具有感觉的一般属性。

在"偏热"和"偏冷"条件下，热感觉与生理状态间的关系是不同的。生理学实验表明：动态环境下人体的热反应特点是在热刺激时人体的感觉变化较慢，而在冷刺激时则较快。当人体温度高于中性温度时，冷刺激会引起人体的舒适或愉快反应。当人体温度低于中性温度时，皮肤温度随环境温度的降低而稳定地下降，而皮肤温度是热感觉和不舒适感觉的良好预测器。当皮肤温度降至33.5℃以下时，冷感觉便迅速增加。但寒冷的不舒适感却上升很慢。冷热感觉属于心理量度，不能被精确测量。

热舒适是对周围环境不感到热或冷的感觉状态，也是对周围热环境的满意程度。热舒适是人对周围环境在主观心理上的一个感知过程,这个过程主要与热环境参数(空气温度、气流速度、空气湿度和平均辐射温度)及人体参数(活动量、衣服保温性、皮肤湿润度)有关。

热适应是指在反复的热环境刺激下,生理机体反应逐渐减弱,也就是人的生理和心理对热变化的适应能力。

热适应由3部分组成:生理适应、行为适应和心理适应。生理适应是指通过生理响应来减少热环境对人体形成的应力;行为适应包括个人调节(改变穿衣、改变活动量、冷热饮等),环境调节(开关窗户、开空调风扇等)和生活习惯调节(午睡、远离窗户等)三个方面;心理适应是指通过改变热期望值降低人对环境的热感受。

3)湿感觉

湿感觉是由于周围环境中空气含水量的变化而导致的生理和心理感觉变化。由于湿度过大导致热感觉变化的情况实际上是热和湿的联合作用,称为"热湿感觉"。热感觉、湿感觉都是可以单独存在的,"闷"是湿感觉的主要表现状态。

影响人的湿感觉参数是"绝对含湿量"或"露点温度"。影响建筑和装修材料的参数是"相对湿度"。因此在室内环境控制中要分别考虑这2个参数。

热湿感觉是热感觉和湿感觉联合作用的结果,相比单独的热、湿感觉更复杂。热湿感觉与当地气象特征有关,有些地区没有湿不舒适感觉,因此只需做热舒适环境设计即可。在中国做"热湿舒适设计"时,一般采用两个系统分别将热和湿控制在合适的范围内。

4)气象因素对热湿舒适的影响

室内热湿环境受室外气候因素的影响很大,主要气象因素包括:空气温度、太阳辐射量、空气湿度和风速。

不同城市由于纬度、海洋距离、周围地理特点等不同而导致气象特征参数不同。在中国,根据冬季和夏季的气候温度数值划分,共有5个建筑气候区:严寒区、寒冷区、夏热冬冷区、夏热冬暖区、温和区。划分以温度为特征参数,实际上,可以根据湿度为特征进行次级划分。

与同纬度其他国家相比,中国的大部分城市气候更不利,会更热、更湿。因此更需要室内气候系统,需要进行深度除湿,许多进口设备会"水土不服"。

建筑节能应针对不同气候特点,有针对性地提出建筑措施,通过这些措施来降低建筑(暖通空调系统)的能耗、提高室内环境舒适度。但不足之处在于:节能措施主要针对气温分类,没有更多涉及湿度和太阳辐射参数,因此在改善室内环境的湿和热湿舒适度方面做得不够。

以热湿舒适为目标的暖通空调系统实际上就是使室内环境处于稳定热湿舒适条件下的系统和控制对策,让人们在室内有舒适体验。

而以热适应为目标的暖通空调系统实际上就是以保证室内环境在最不利气候下达到设计温度的系统和控制对策。让人们逐渐适应室内客观热湿环境。

5)什么是环境健康?

世界卫生组织(WHO)提出"健康不仅仅是躯体没有疾病,而且还要具备心理健康、社会适应良好和道德健康。"健康是人的自我责任,已日益成为社会发展和进步的标志;健康是生活质量的基础,是人类自我觉醒的重要方面;健康是生命存在的最佳状态,健康是人类希望拥有的最大最重要的财富。

2000年在荷兰举行的健康建筑国际年会上，健康建筑被定义为："一种体现在住宅室内和住区的居住环境的方式，不仅包括物理测量值，如温度、通风换气效率、噪声、照度、空气品质等，还需包括主观性心理因素，如平面和空间布局、环境色调、私密保护、视野景观、材料选择等，另外加上工作满意度、人际关系等。

健康的室内环境应该是：在满足工作和生活基本要求的基础上，突出健康要素。以健康为理念，满足居住者的生理、心理和社会多层次的需求。营造健康、安全、舒适的室内环境，使居住者身心处于良好状态。居住环境直接影响居住者的健康状况。大量事实证明，目前许多居住者处于亚健康状态，如头昏脑涨、易疲劳、肺部疾病、腹泻、过敏、空调病和肥胖症等都与居住环境有关。更为严重的是，居室内有害气体和有毒物质过多还会诱发血液病和癌症等。健康是指在身体上、精神上和社会上完全处于良好状态，健康居住环境就应该让居住者在工作和生活的各个方面都处于健康状态。因此，健康居住环境在如温度、湿度、通风换气、噪声、光照和空气质量，以及平面空间布局、私密保护、视野景观、感官色彩和建筑装修装饰材料的选择等方面，都应达到回归自然、营造健康和增进人际关系的效果。

《中华人民共和国基本医疗卫生与健康促进法》（2019年12月28日通过）第六章第六十九条规定"公民是自己健康的第一责任人，树立和践行对自己健康负责的健康管理理念，主动学习健康知识，提高健康素养，加强健康管理。倡导家庭成员相互关爱，形成符合自身和家庭特点的健康生活方式。"；第七十九条规定"用人单位应当为职工创造有益于健康的环境和条件，严格执行劳动安全卫生等相关规定，积极组织职工开展健身活动，保护职工健康。"对营造健康的居住、办公和劳动室内环境的主体给出了法律解释，舒适、健康的室内环境是国家基础服务之外的内容，由用户自行投资和受益。

6）室内空气质量

空气质量取决于空气中含有的有害（长期接触对人体不利）成分含量的多少。空气处理系统主要功能包括：通风换气（新风）、过滤（对颗粒物的去除）、净化（对气态污染物的去除）、湿度（加湿和除湿），也可把温度（加热和供冷）和能量回收功能加到系统中。室内空气质量是影响环境健康的最主要因素之一。

室内空气质量一般用以下指标来衡量：① CO_2 浓度，新风效果；②相对湿度，加湿和除湿效果；③PM2.5浓度，过滤效果；④甲醛或TVOC浓度，气态污染物去除效果。

3.2.2 热湿舒适标准介绍

按舒适健康设计室内环境系统，首先要了解舒适和健康的评价标准。目前欧洲和美国在这方面走在前列，我国也有相关的国家标准。相关的主要标准有：

1）《建筑热湿环境领域的标准》ISO 7730（欧洲提出）

ISO 7730：2005正文包括10章，分别是：标准适用范围；规范性引用文件；术语和定义；预计平均热感觉指数PMV；预计不满意者的百分数PPD；局部热不舒适；可接受的舒适热环境；非稳态热环境；整体热舒适长期评价；适应性。

平均热感觉指数与人的生理感觉有关，PMV热感觉7点指数，见表3.2-1所列。

PMV 热感觉指数　　　　　　　　　　　　　　　　　　　　表 3.2-1

热感觉	热	暖	稍暖	热舒适	稍凉	凉爽	冷
数值	+3	+2	+1	0	−1	−2	−3

对应不同的热感觉，通过实验室试验得到人们的不满意度 PPD，建立 PMV-PPD 的关联。这样就可以把固定的 PPD 值作为设计目标，在已知衣着（多少）和人体状态（站、坐、运动）时，反推室内环境中空气温度、湿度、辐射温度和气流的范围。

上述 PMV-PPD 方法提供的是整体舒适的环境。即使达到上述条件，在局部也可出现热不舒适的情况。通过试验鉴别出的类型有 4 种：①吹风感（限制风速）；②垂直空气温度差（限制脚踝和颈部的温差）；③地板表面温度（限制地板过热或过凉）；④不均匀辐射（限制辐射表面和空气的温差）。

前面的热舒适环境是针对稳定环境条件，其界定按下面 3 个条件：①温度波动不超过 1℃；②温度变化率不超过 2℃/h；③在不同热环境间切换需要适应时间（30min 以上）。

人们对热环境的适应性：服装热阻、其他适应形式对热舒适的影响是有适应范围的。服装热阻与当地的生活习惯及气候密切相关，在确定可接受作用温度范围时必须进行考虑；在温暖或者寒冷环境中，除了服装热阻外，其他形式的热适应，如身体姿势、活动量，会导致较高温度也可以被接受；热带气候区生活、工作的人们比生活在较冷气候区的人们更容易适应高温环境。

ISO 7730 根据热环境依据 PMV-PPD、局部热舒适要求对室内热湿环境等级进行了三级划分，相关参数的限制范围见表 3.2-2～表 3.2-5 所列。

ISO 7730：2005 热环境等级规定　　　　　　　　　　　　　表 3.2-2

等级	人体的整体热状态		局部热不舒适			
	预计不满意率（PPD）	预计平均热感觉指数（PMV）	冷吹风感不适率（DR）	热不舒适率（PD）		
				垂直空气温差	冷暖地板	热辐射温度不对称性
A	<6%	−0.2<PMV<+0.2	<10%	<3%	<10%	<5%
B	<10%	−0.5<PMV<+0.5	<20%	<5%	<10%	<5%
C	<15%	−0.7<PMV<+0.7	<30%	<10%	<15%	<10%

ISO 7730：2005 不同热环境等级头脚竖直温差规定[a]　　　　表 3.2-3

等　级	竖直温差（℃）
A	<2
B	<3
C	<4

a 距地面 0.1m 和 1.1m 处

ISO 7730：2005 还对不同建筑类型或者功能区，在典型服装热阻即夏季为 0.5clo、冬季为 1.0clo 的活动水平条件下，给出了不同等级要求的热环境设计参数取值范围，包括有效温度和最大平均空气流速，见表 3.2-6 所列。

ISO 7730：2005 不同热环境等级地板表面温度范围　　　　　表 3.2-4

等　级	地板表面温度范围(℃)
A	19～29
B	19～29
C	17～31

ISO 7730：2005 不同热环境等级辐射温度的不对称性　　　　表 3.2-5

等　　级	辐射温度的不对称性(℃)			
	暖屋顶	凉墙面	凉屋顶	暖墙面
A	<5	<10	<14	<23
B	<5	<10	<14	<23
C	<7	<13	<18	<35

不同类型建筑/空间的设计条件示例　　　　　　　表 3.2-6

建筑/空间类型	活动水平 (W/m²)	等级	有效温度(℃)		最大平均空气流速ª(m/s)	
			夏季 (空调)	冬季 (供暖)	夏季 (空调)	冬季 (供暖)
景观办公室、单间办公室、会议室、礼堂、自助餐厅/饭店、教室	70	A	24.5±1.0	22.0±1.0	0.12	0.10
		B	24.5±1.5	22.0±2.0	0.19	0.16
		C	24.5±2.5	22.0±3.0	0.24	0.21
幼儿园	81	A	23.5±1.0	20.0±1.0	0.11	0.10
		B	23.5±2.0	22.0±2.5	0.18	0.15
		C	23.5±2.5	22.0±3.5	0.23	0.19
商场	93	A	23.0±1.0	19.0±1.5	0.16	0.13
		B	23.0±2.0	19.0±3.0	0.20	0.15
		C	23.0±3.0	19.0±4.0	0.23	0.18

　　a　最大平均空气流速基于:空气湍流强度为 40%,空气温度等于操作温度,夏季和冬季的相对湿度分别为 60%和 40%。不管夏季还是冬季,都取温度范围中较低的值来确定最大平均空气流速

　　对于一个给定的空间，存在一个对应 PMV＝0 的最适操作温度，这取决于居住者的活动和衣着。图 3.2-1～图 3.2-3 显示了 3 个等级中每一等级的最适操作温度和允许温度范围与服装和活动的函数关系。3 个等级的最佳操作温度是相同的，而在最适操作温度附近的允许范围是不同的。

　　2)《人类居住热环境条件》ASHRAE-55（美国提出）

　　本标准的技术基础与 ISO 7730 相同，本书就不再介绍了。

　　3)《民用建筑供暖通风与空气调节设计规范》GB 50736（中国国家标准）

　　《民用建筑供暖通风与空气调节设计规范》提出了两个等级设计控制值，见表 3.2-7。这种提法把用户做评价的舒适性评价指标和取决于物理量的环境指标做了等同，造成了概念错乱。而且热舒适度评价指标与国际标准没有对应关系，因此进行热舒适性设计时有所不便。

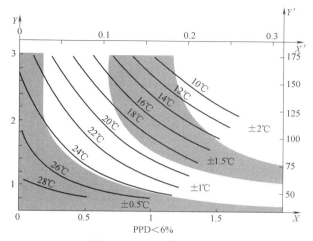

图 3.2-1　A 级舒适度条件

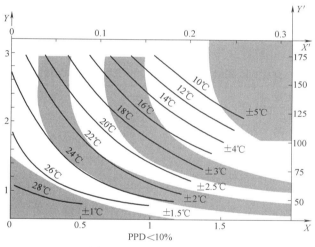

图 3.2-2　B 级舒适度条件

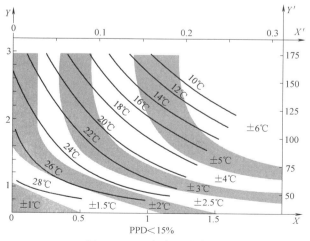

图 3.2-3　C 级舒适度条件

两级舒适度条件　　　　　　　　　　　表 3.2-7

参数	热舒适度等级	温度(℃)	相对湿度(%)	风速(m/s)
冬季供热	Ⅰ级：−0.5≤PMV≤0.5，PPD≤10%	22～24	≥30	≤0.2
	Ⅱ级：−1≤PMV<−0.5，PPD≤27%	18～22	—	≤0.2
夏季供冷	Ⅰ级：−0.5≤PMV≤0.5，PPD≤10%	24～26	40～60	≤0.25
	Ⅱ级：0.5<PMV≤1，PPD≤27%	26～28	≤70	≤0.3

4）湿度控制

室内湿度控制的目的有 3 个：一是有人时控制湿度处于人体舒适范围；二是长期控制湿度处于人体健康范围；三是控制湿度保护家具、家具和建筑结构免于湿度产生的破坏。对于前两者以人为目标的条件，以露点温度或绝对含湿量评估。但如果温度控制范围已经确定，相对湿度范围与露点温度控制是一致的；对于后者则以相对湿度进行评估。

ISO 7730 推荐相对湿度 30%～70%，为了减少潮湿或干燥对皮肤及眼睛的刺激，静电、细菌生长和呼吸性疾病的危害；DIN 1946（德国标准）中的夏季人体舒适区相对湿度下限是 32%；日本《低温送风空调系数设计》中夏季室内相对湿度下限为 40%。

ISO 17772-1 关于室内空间的相对湿度范围见表 3.2-8。

安装加湿和除湿系统的居住区域湿度推荐控制值　　　表 3.2-8

建筑物/空间类型	分级	除湿控制湿度(%)	加湿控制湿度(%)
按人员密度设置空间湿度标准(特殊空间另有标准，如博物馆、教堂等)	Ⅰ	50	30
	Ⅱ	60	25
	Ⅲ	70	20
除推荐外，绝对湿度的极限值为 12g/kg			

《室内空气质量标准》GB 18883 要求，夏季室内适宜湿度为 40%～80%，冬季室内适宜湿度为 30%～60%。但是室内空气湿度在通风和空调技术中并没有得到足够重视。在保持良好的室内气候方面，适宜的空气湿度与温度一样重要。这种要求同样适用于家庭、办公室或仓库、车间和商业空间。因此，空调的理想舒适温度是 20～27℃。同时室内空气的相对湿度应为 30%～65%。

《民用建筑供暖通风与空气调节设计规范》GB 50736，夏季舒适性空调Ⅰ级热舒适度室内设计温度 24～26℃；相对湿度 40%～60%，并说明该相对湿度适用于集中空调场所，如使用条件无特殊要求时，相对湿度可不受限制。

湿感觉也可用露点温度评价。干燥（<13℃），舒适（13～16℃），潮湿（16～18℃），闷热（18～21℃），闷热难受（21～24℃），极为难受（>24℃）。如湿舒适露点温度为 13～16℃。可以通过计算机软件计算出对应的露点温度的含湿量，见表 3.2-9 所列。

露点温度与绝对含湿量　　　　　　　　表 3.2-9

露点温度(℃)	13	16	18	21	24
含湿量(g/kg)	9.33	11.36	12.93	15.64	18.87

上述数值，以 18℃露点温度对应 26℃空气温度，相对湿度控制值约为 60%；以 21℃

露点温度对应 28℃空气温度，相对湿度控制值约为 70％。这两个数值也是暖通空调设计标准的限定值。

按照室内舒适性研究，室内空气最低露点温度为 2℃，低于这个值干燥就会造成人体不舒适和生活上的不愉快（静电等）。对应这个露点温度相当于 20℃时相对湿度约 30％，30％也是暖通空调设计标准的限度值。

3.2.3 空气质量标准介绍

1）空气质量国际标准和法规

英国 1956 年颁布的《清洁空气法案》是世界上第一部大气空气污染防治法案。1995 年，英国通过《环境法》。世界卫生组织欧洲委员会环境空气质量标准在 1987 年发布（1997 年更新）。该标准指出：室内空气污染主要来自四个方面，即建筑材料、家电、供暖设备和做饭时产生的烟尘等。室内空气中的化学污染物主要有苯、一氧化碳、甲醛、二氧化氮、氡等九种物质。其中，苯位列第一，这种物质广泛存在于建筑材料中，尤其是油漆，是可致癌物；排在第二位的是一氧化碳，其安全标准是 24h 均值不超过 $7mg/m^3$；排第三的是甲醛，安全标准是低于 $0.1mg/m^3$，超量会损伤肺功能。

《建筑环境设计-室内空气质量-人居环境室内空气质量的表达方法》（ISO/DIS 16814：2008 Building environment design-Indoor air quality-Methods of expressing the quality of indoor air for human occupancy）。该系列标准是建筑、供暖、通风和空调系统设计的系列国际标准之一，详细说明了针对新建及改建的建筑和系统室内可接受环境制定的设计标准方法。室内环境包括热环境、声环境、光环境以及室内空气质量（IAQ）。设计人员可以依据标准所选的方法来获得良好的室内空气质量，除了进行通风外，还要考虑污染以及源头控制，特别是暖通空调系统的污染。

《建筑能效 室内环境质量 第 1 部分：建筑能效设计与评价的室内环境输入参数》（ISO 17772-1：2017（E）Energy performance of buildings-Indoor environmental quality-Part 1：Indoor environmental input parameters for the design and assessment of energy performance of buildings）。该标准提出的 IEQ 参数要求包括：温度、室内空气品质、照明和噪声，并规定了如何为环境设计建立这些参数，还初步制定了能效计算的通用基础。

该标准适用于人类活动的室内环境和生产或工艺不会对室内环境造成重大影响的建筑。包括针对区域热舒适因素、通风、给水排水、不对称辐射温度、垂直空气温差和地面温度的设计标准。还规定了标准能效计算中人员活动表和针对室内环境的不同标准级别（4 个级别）。该标准提出的控制室内空气质量方法：污染源控制、通风、空气过滤和净化。通风率设计方法：感知空气质量法、组分浓度极限法、预设通风量法。

《建筑能效 整体能效评估程序 第 2 部分：建筑能效设计与评估用室内环境输入参数指南》（ISO/TR 17772-2：2018（E）Energy performance of buildings-Overall energy performance assessment procedures-Part 2：Guideline for using indoor environmental input parameters for the design and assessment of energy performance of buildings）。该标准适用于室内环境标准为人类居住设定且生产过程对室内环境没有重大影响的情况。它解释了如何使用 ISO 17772-1 为建筑系统设计和能效计算指定室内环境输入参数。

ISO 17772-1：2017 关于通风量的要求见表 3.2-10～表 3.2-15 所列。

静坐成人的设计通风量 　　　　　　　　　　　　　　　　　　　　　表 3.2-10

分级	预计不满意百分数（%）	每个非适应者风量[L/(s·p)]
I	15	10
II	20	7
III	30	4
IV	40	2.5

稀释不同类型建筑污染释放物的设计通风量 　　　　　　　　　　　　表 3.2-11

分级	极低污染建筑,LPB-1 [L/(s·m²)]	低污染建筑,LPB-2 [L/(s·m²)]	非低污染建筑,LPB-3 [L/(s·m²)]
I	0.5	1.0	2.0
II	0.35	0.7	1.4
III	0.2	0.4	0.8
IV	0.15	0.3	0.6

低污染建筑中 $10m^2$ 的单人办公室的标准设计通风量（非适应者） 　　表 3.2-12

分级	低污染建筑 [L/(s·m²)]	每个非适应者风量 [L/(s·p)]	不同表述方式的房间总设计通风量		
			(L/s)	L/(s·p)	L/(s·m²)
I	1.0	10	20	20	2
II	0.7	7	14	14	1.4
III	0.4	4	8	8	0.8
IV	0.3	2.5	5.5	5.5	0.55

人均总通风量(此数值是由人体代谢、建筑及活动等相关释放源相加所得最低值)不应低于4L/s

基于下列规定的送风量标准 　　　　　　　　　　　　　　　　　　　表 3.2-13

分级	包括空气渗透的总通风量		人均送风量 [L/(s·p)]	基于适应者感知的室内空气质量（IAQ）的送风量	
	L/(s·m²)	换气次数		人员通风量 q_p [L/(s·p)]	建筑材料通风量 q_B L/(s·m²)
I	0.49	0.7	10	3.5	0.25
II	0.42	0.6	7	2.5	0.15
III	0.35	0.5	4	1.5	0.1
IV	0.23	0.4			

假设送风是室外空气或从其他房间传送过来未使用的空气,这些数值可根据国家住房人均占有面积转换为 L/(s·m²)

起居室和卧室的 CO_2 设计浓度 　　　　　　　　　　　　　　　　表 3.2-14

分级	起居室的设计 ΔCO_2(高于室外浓度,ppm)	卧室的设计 ΔCO_2(高于室外浓度,ppm)
I	550	380
II	800	550
III	1350	950
IV	1350	950

注1. 以上数值分别对应级别 I、II、III 的每人通风量为4L/s、7L/s、10L/s,且起居室和卧室中 CO_2 释放量分别为每人 20L/h 和 13.6L/h 时的平衡浓度;

2. 对于 $10m^2$(高2.5m,25m³)、7L/s 和 10L/(s·p)通风量,分别对应两个人在房间内换气次数为 1.2、2.0 和 2.9 的换气量

按房间和建筑物类型的设计排风量 表 3.2-15

住宅主要房间的数量	排风量设计值(L/s)				
	厨房	盥洗室或有无马桶的淋浴间	其他潮湿的房间	卫生间	
				单个	多个(2个或以上)
1	20	10	10	10	10
2	25	10	10	10	10
3	30	15	10	10	10
4	35	15	10	15	10
5 个及以上	40	15	10	15	10

《可接受室内空气质量的通风》(ANSI/ASHRAE Standard 62.1-2019 Ventilation for Acceptable Indoor Air Quality);《住宅建筑通风和可接受的室内空气质量》(ANSI/ASHRAE Standard 62.2-2019 Ventilation and Acceptable Indoor Air Quality in Residential Buildings);CEN CR 1752 European design criteria for the indoor environment published《欧洲室内环境设计标准发布》。美国标准 ASHRAE 62 和欧洲标准 CEN CR 1752 中,给出了感知空气质量不满意率和新风量的关系,即随着新风量加大,感知的室内空气质量不满意率下降。

《世界卫生组织空气质量指南(2005 年更新版)》(WHO Air Quality Guidelines Global Update 2005)包含:①《室内空气质量指南:确定污染物》(WHO Guidelines for Indoor Air Quality:Selected Pollutants);②《室内空气质量指南:潮湿和霉菌执行概要(湿度)》(WHO guidelines for Indoor air quality:dampness and mould-Executive Summary);③《室内空气质量指南 家庭燃料燃烧执行概要(专门针对家庭燃料和燃烧技术特点的技术建议)》(WHO guidelines for Indoor air quality:household fuel combustion-Executive Summary)。

《颗粒物、臭氧、二氧化氮和二氧化硫 风险评估概要(2005 年更新版)》(WHO Air Quality Guidelines for Particulate matter,ozone,nitrogen dioxide and sulfur dioxide-Global update 2005-Summary of risk assessment),内容包括:①《室内空气质量与健康》(Air Quality & Health);②《公共卫生、环境和健康问题社会决定因素》(Ambient (outdoor) air quality and health《环境(室外)空气质量和健康》;③Public Health,Environment and Social Determinants of Health (PHE)。

对可吸入颗粒物(PM10 和 PM2.5)、臭氧(O_3)、二氧化氮(NO_2)和二氧化硫(SO_2)浓度限值提出了更严格的要求,适用于世界卫生组织所有区域,并指出可吸入颗粒物的准则可以适用于室内空气质量,见表 3.2-16。

空气质量指标 表 3.2-16

项目	指导限值	项目	指导限值
PM2.5	年平均:$10\mu g/m^3$,24h 平均:$25\mu g/m^3$	NO_2	年平均:$40\mu g/m^3$,1h 平均:$200\mu g/m^3$
PM10	年平均:$20\mu g/m^3$,24h 平均:$50\mu g/m^3$	SO_2	24h 平均:$20\mu g/m^3$,10min 平均:$500\mu g/m^3$
O_3	8h 平均:$100\mu g/m^3$		

美国于 1963 年通过第一部《清洁空气法》。作为世界碳排放第二大国，美国 2006 年主动将 PM2.5 的 24h 标准由 $65\mu g/m^3$ 降为 $35\mu g/m^3$；PM2.5 的年标准仍为原来的 $15\mu g/m^3$。2016 年，美国 WELL 建筑标准中提出 PM2.5 年标准不高于 $15\ \mu g/m^3$。

英国政府 2019 年 1 月 14 日发布《2019 清洁空气战略》。该战略指出，为进一步治理空气污染，英国政府将对家用炉灶和明火燃烧进行更严格的控制。实现到 2020 年和 2030 年，减少五种最具破坏性的空气污染物（细颗粒物、氨、氮氧化物、二氧化硫以及非甲烷挥发性有机化合物）的排放量。承诺到 2030 年"全国大部分地区"减少颗粒物排放。并计划于 2040 年终止新柴油、汽油车和货车的销售、规范英国国内化石燃料炉市场。到 2022 年，保证市场仅供应"清洁型炉灶"。逐步淘汰燃煤发电站，转向更清洁的能源。立法禁止销售会造成严重污染的燃料。修改现有的控烟法案，提高其可执行性。赋予严重污染地区地方政府更多决策权。开展家用燃烧器具专项宣传活动，提高公众对于燃烧与环境影响的认识。与行业合作，为市场上新型固体燃料制定相关测试标准。与消费者团体、卫生组织和行业合作宣传，提高公众对家中非甲烷挥发性有机化合物（NMVOC）聚集危害的认识，了解有效通风以减少接触的重要性。

2）我国部分室内空气质量标准：

《公共场所卫生指标及限值要求》GB 37488—2019

《室内空气质量标准》GB/T 18883—2002

《民用建筑工程室内环境污染控制标准》GB 50325—2020

《室内装饰装修材料人造板及其制品中甲醛释放限量》GB 18580—2017

《居室空气中的甲醛卫生标准》GB/T 16127—1995

《室内氡及其子体控制要求》GB/T 16146—2015

《室内空气中细菌总数卫生标准》GB/T 17093—1997

《室内空气中二氧化碳卫生标准》GB/T 17094—1997

《室内空气中可吸入颗粒物卫生标准》GB/T 17095—1997

《室内空气中氮氧化物卫生标准》GB/T 17096—1997

《室内空气中二氧化硫卫生标准》GB/T 17097—1997

《公共建筑室内空气质量控制设计标准》JGJ/T 461—2019

《住宅建筑室内装修污染控制技术标准》JGJ/T 436—2018

我国关于室内新风量的相关标准规范主要有：

《民用建筑供暖通风与空气调节设计规范》GB 50736—2012

《公共建筑节能设计标准》GB 50189—2015

《医院洁净手术部建筑技术规范》GB 50333—2013

《中小学校教室换气卫生要求》GB/T 17226—2017

《环境空气质量标准》GB 3095—2012

我国环境空气质量标准首次发布于 1982 年，并于 1996 年、2000 年、2012 年三次修订。目前其基本项目控制指标限值见表 3.2-17。空气质量评价指标有二氧化硫（SO_2）、二氧化氮（NO_2）、可吸入颗粒物（PM10）3 项污染物。2012 年修订后，增加了臭氧（O_3）和细颗粒物（PM2.5）两项污染物控制标准；严格了 PM10、NO_2 等污染物的限值要求。SO_2 的浓度限值没变，治理 PM2.5 的很多措施也都对 SO_2 的削减有积极作用。对应的空气质量评价体系也由 API 变成了 AQI，增加了 PM2.5、O_3、CO 污染物指标，发布频次也从每天一次变成每小时一次。2016 年 1 月 1 日正式全国实施。相比，WHO 标准的要求（PM2.5 浓度限值日平均 $25\mu g/m^3$，年平均 $10\mu g/m^3$），在我国难以实现，并不适用于我国国情。

环境空气污染物浓度限值（$\mu g/m^3$） 表 3.2-17

序号	污染物项目	平均时间	浓度限值	
			一级	二级
1	二氧化硫（SO_2）	年平均	20	60
		24h 平均	50	150
		1h 平均	150	500
2	二氧化氮（NO_2）	年平均	40	40
		24h 平均	80	80
		1h 平均	200	200
3	一氧化碳（CO）	24h 平均	4	4
		1h 平均	10	10
4	臭氧（O_3）	日最大 8h 平均	100	160
		1h 平均	160	200
5	颗粒物（PM10）	年平均	40	70
		24h 平均	50	150
6	颗粒物（PM2.5）	年平均	15	35
		24h 平均	35	75

关于室内空气质量有两个重要的国家标准《室内空气质量标准》GB/T 18883—2002，其污染物浓度限值见表 3.2-18；《民用建筑工程室内环境污染控制指标》GB 50325—2020，其污染物浓度限值见表 3.2-19。

GB/T 18883—2002 中的污染物浓度限值 表 3.2-18

序号	参数类别	参数	单位	标准值	备注
1	物理性	温度	℃	22~28	夏季空调
				16~24	冬季供暖
2		相对湿度	%	40~80	夏季空调
				30~60	冬季供暖
3		空气流速	m/s	0.3	夏季空调
				0.2	冬季供暖
4		新风量	$m^3/(h \cdot 人)$	30[a]	
5	化学性	二氧化硫（SO_2）	mg/m^3	0.50	1h 均值
6		二氧化氮（NO_2）	mg/m^3	0.24	1h 均值
7		一氧化碳（CO）	mg/m^3	10	1h 均值
8		二氧化碳（CO_2）	%	0.10	日平均值

序号	参数类别	参数	单位	标准值	备注
9	化学性	氨(NH₃)	mg/m³	0.20	1h 均值
10		臭氧(O₃)	mg/m³	0.16	1h 均值
11		甲醛(HCHO)	mg/m³	0.10	1h 均值
12		苯(C₆H₆)	mg/m³	0.11	1h 均值
13		甲苯(C₆H₆)	mg/m³	0.20	1h 均值
14		二甲苯(C₈H₁₀)	mg/m³	0.20	1h 均值
15		苯并[a]芘 B(a)P	ng/m³	1.0	日平均值
16		可吸入颗粒物(PM10)	mg/m³	0.15	日平均值
17		总挥发有机物(TVOC)	mg/m³	0.60	8h 均值
18	生物性	菌落总数	Cfu/m³	2500	依据仪器定
19	放射性	氡(222Rn)	Bq/m³	400	年平均值(行动水平)

a 新风量要求大于等于标准值,除湿度、相对湿度外的其他参数要求小于等于标准值

GB 50325—2020 中的污染物浓度限值　　　　　　　　　表 3.2-19

污染物	Ⅰ类民用建筑工程	Ⅱ类民用建筑工程
氡(Bq/m³)	≤150	≤150
甲醛(mg/m³)	≤0.07	≤0.08
氨(mg/m³)	≤0.18	≤0.20
苯(mg/m³)	≤0.06	≤0.09
甲苯(mg/m³)	≤0.15	≤0.20
二甲苯(mg/m³)	≤0.20	≤0.20
TVOC(mg/m³)	≤0.45	≤0.5

《民用建筑工程室内环境污染控制标准》GB 50325—2020,用于预防和控制民用建筑工程中主体材料和装饰装修材料产生的室内环境污染。不包括的室内空气污染源:室内燃料燃烧及烹饪油烟;家用化学品;家用电器;办公设备;生物性污染(人体新陈代谢过程产生的大量废弃物,主要是通过呼吸、汗液、大小便排除)。

Ⅰ类民用建筑应包括住宅、居住功能公寓、医院病房、老年人照料房屋设施、幼儿园、学校教室、学生宿舍等;Ⅱ类民用建筑应包括办公楼、商店、旅馆、文化娱乐场所、书店、图书馆、展览馆、体育馆、公共交通工具等候室、餐厅等。

相比 GB 50325—2010,GB 50325—2020 增加了室内空气中污染物种类(甲苯和二甲苯);重新确定了室内空气中污染物浓度限量值;对幼儿园、学校教室、学生宿舍等装饰装修提出了更加严格的污染控制要求;对室内污染物浓度检测点数设置进行了调整;明确了室内空气中氡浓度检测方法;增加了苯系物及挥发性有机化合物(TVOC)的 T-C 复合吸附管(2,6-对苯基二苯醚多孔聚合物-石墨化炭黑-X 复合吸附管)取样检测方法,进一步完善并细化了室内空气污染物取样测量要求。

从主体材料、装饰装修材料源头上控制污染是首选,但源头很难控制。哪怕每种材料

都合格，装修之后还是有可能因为累加效应不合格。源头重要，通风更重要。

有些做 WELL 健康建筑的工作者体会是：首先材料要控制，施工过程也要控制；最好是春节开始精装，经过夏期施工过程中的蒸晒、秋季的通风，加速了污染物释放，南方在 11 月、12 月交付、北方 10 月 1 日前后交付，客户感受和空气质量都好。其他房企如何做就不好说了，即使这样，我们也建议住户入住前两年，夏季关窗开空调时温度尽量低些，平时尽量多通风，交付时检测合格并不代表使用时一直合格。不管是机械通风还是自然通风，使用过程中的通风量是要保证的，而且这个通风量还要考虑室内残留污染物的持续释放，新风系统通风量通常不会考虑这部分。

WELL 建筑标准的室内空气质量控制是这样做的：源头材料控制＋工艺控制＋施工过程控制＋交付前通风吹洗＋交付后通风，交付时还附送业主一本使用手册。

3.2.4 健康住宅标准

住宅是人们的基本生活场所，据相关文献统计，不同国家居民平均每天在住宅内滞留的时间约为 8h，因此居住环境与人体健康状况密切相关。特别是对婴幼儿、老年人或孕妇等长期在住宅内生活的弱势群体，所面临的健康风险尤为显著。大量的研究表明，居住环境关联健康的问题主要包括：脑中风和中暑、过敏性疾病、心血管疾病、呼吸系统疾病以及因跌倒、跌落、烫伤等引起的各种伤害。拥有一个温馨、干净、健康的居住环境，是每一个人心中的理想。但是很多人只考虑建筑的美观与舒适，却常常忽略一个问题：你的居住环境真的健康吗？

WELL 建筑标准（WELL Building Standard™）由美国健康房地产及科技公司 Delos 的全资子公司 International WELL Building Institute pbc 制定，涵盖了科学、项目实施及医疗卫生等多行业专家经 7 年的研究与评审工作。

2014 年 10 月，美国 WELL 建筑研究所颁布了健康建筑标准。是世界上第一部完善的、专门针对人体健康提出的建筑设计和评价标准，其目标是基于现有的知识证据，通过测量、认证和监控建筑的性能表现，实现研究成果的系统化、可用化，促进人类生活的健康幸福。建筑标准最显著的特点是使建筑室内环境与人体系统关联影响充分结合，为了更好地说明建筑环境与人体健康的关系。认证等级分为银级、金级、铂金级。2018 年该标准升级至 2.0 版。与 LEED 绿色建筑体系侧重建筑相比，WELL 健康建筑标准侧重点是人，即更加人性化。WELL 建筑标准围绕空气、水、营养、光、健身、舒适和精神 7 个概念为建筑性能设定衡量标准，这 7 个重要概念 102 项指标都与人体健康相关联。WELL 专注于建筑物使用者的体验，通过建筑设计来改善健康。WELL 认证要求在 WELL 建筑标准的 7 个类别中的每一项都必须通过。

WELL 标准提出了心血管系统的重要影响因素，如压力、营养、健身和环境污染。从空气和营养等策略上支持，减少对消化系统有负面影响的因素；从营养、舒适策略上帮助减少外界对内分泌系统的干扰；从水和空气策略总结了可帮助增强免疫系统健康的元素；从水和空气策略帮助维护皮肤系统的整体健康；从舒适、健身、营养策略鼓励安全健身和更加健康饮食的机会。从光、空气、水、舒适策略等各方面介入，将支持神经和感知功能置于最重要的位置；从营养和健身策略提出维护生殖系统健康；从空气、健身策略限制环境中的霉菌和病菌，提供更多的健身机会，维护正常的呼吸系统功能。从舒适策略落实最新关于人体工程学及通用设计的研究以利于骨骼系统；通过舒适、空气、水策略减缓压力和环境中的要素，维护泌尿系统安全。

英国的室内健康环境评价标准（Housing Fitness Regime，HFR）从 1985 年开始实施，主要内容涉及室内环境质量，室内潜在的伤害危险（如跌倒、烫伤）等。2001 年，英国政府颁布的健康住宅标准（Decent Homes Standard，DHS）提出了健康住宅的基本定义，指出英国将在 2010 年底实现住宅 100％满足健康住宅的相关要求。2006 年英国颁布了住宅健康与安全评估体系（Housing Health and Safety Rating System，HHSRS）。用于替代已经不能满足社会发展的 HFR 标准。HHSRS 标准基于风险评价工具的评价体系，用于帮助地方政府部门应对住宅健康潜在的健康威胁。HHSRS 体系对 29 种房屋潜在健康或安全威胁进行调研，并对每种威胁进行权重评价，用于帮助确定该方面是否存在严重的隐患，如表 3.2-20 所示。

HHSRS 评价体系主要内容 表 3.2-20

评价内容	具体内容
生理需要	热湿环境、潮湿和霉菌生长、过冷、过热
污染物	石棉、农药、一氧化碳及燃烧产物
心理需要	空间感、安全感、噪声、空间拥挤程度、可能的闯入性、照明、噪声
传染病防护	卫生设备、水流供给、室内卫生虫害及垃圾情况、食物安全、给水系统、个人卫生及排水系统
意外事故防护	浴室跌落、水平表面跌落、楼梯跌落、楼梯间跌落、电源使用安全、防火、明火及高温表面、碰撞、爆炸、设备可操作及位置、结构倒塌和坠落

HHSRS 评价安排调研人员提前与房主（或租住人员）预约时间，前往房屋所在地进行现场评测和主观问卷调研。通过数据收集系统对每种危害进行权重分析，对引起危害或潜在威胁的原因进行分析，进而对危害程度进行评分，最终得到房屋评分的风险等级水平。

德国 IBN 研究机构制订的建筑生物学评价标准 SBM-2008，自 1999 年以来，委员组成员不断更新规范，并制定了指导方针与特定的测量方法草案。建筑生物评价指导方针是基于预警原则制定的，依照本指导方针提供的建筑生物测试方法，可以尽可能地确认、最小化、避免环境中的风险因子，创造避免暴露于风险下的室内健康环境，特别是针对睡眠区可能遭受的长期风险。

建筑生物学评价标准 SBM2008 中的评价分为 4 个等级，分别为：安全、轻微、严重、极严重。SBM2008 评价方法中的评价指标包括以下几种：场、波、辐射；室内毒素、污染源、室内气候；真菌、细菌、过敏源。

下面是评价标准部分内容。

（1）室内毒素、污染源、室内气候

1）甲醛及其他有毒气体，见表 3.2-21。

甲醛与其他有毒气体评价表 表 3.2-21

评价指标	安全	轻微	严重	极严重
甲醛（$\mu g/m^3$）	＜20	20～50	50～100	＞100

世界卫生组织的要求是小于 $100\mu g/m^3$；德国工业标准为 $25\mu g/m^3$；对黏膜及眼睛产生刺激的阈值是 $50\mu g/m^3$；气味检测阈值：$60\mu g/m^3$；对生命产生即时危害的值为 $30000\mu g/m^3$。

2）溶剂及其他挥发性的有机物（VOC），见表 3.2-22。

溶剂与其他挥发性的有机化合物评价表　　　　表 3.2-22

评价指标	安全	轻微	严重	极严重
VOC($\mu g/m^3$)	<100	100～300	300～1000	>1000

3）粒子与纤维，见表 3.2-23。

石棉评价表　　　　表 3.2-23

评价指标	安全	轻微	严重	极严重
石棉(m^3)	<100	100～200	200～500	>500

4）杀虫剂与其他半挥发性的有机物（SVOC），见表 3.2-24。

杀虫剂与其他挥发性的有机化合物评价表　　　　表 3.2-24

评价指标	载体	单位	建筑生物学评价标准 SBM-2008			
			安全	轻微	严重	极严重
杀虫剂	空气	ng/m^3	<5	5～25	25～100	>100
五氯酚、林丹、防蛀剂	木材、织品	mg/m^3	<1	1～10	10～100	>100
镇静剂、DDT	灰尘	mg/m^3	<0.5	0.5～2	2～10	>10
Dichlofuanid 等	与皮肤接触织品	mg/m^3	<0.5	0.5～2	2～10	>10
多氯联苯	微粒	mg/m^3	<0.5	0.5～2	2～5	>5
含氯耐燃剂	微粒	mg/m^3	<0.5	0.5～2	2～10	>10
非卤素耐燃剂	微粒	mg/m^3	<5	5～50	50～200	>200
PAH	微粒	mg/m^3	<0.5	0.5～2	2～20	>20
塑化剂	微粒	mg/m^3	<100	100～250	250～1000	>1000

5）室内气候评价表，见表 3.2-25。

室内气候评价表　　　　表 3.2-25

评价指标	安全	轻微	严重	极严重
相对湿度(%)	40～60	<40 或>60	<30 或>70	<20 或>80
二氧化碳(ppm)	<600	600～1000	1000～1500	>1500
微小空气离子(个/cm^3)	>500	200～500	100～200	<100
气体静电(V/m)	<100	100～500	500～2000	>2000

（2）真菌、细菌、过敏源的评价表，见表 3.2-26

室内空气的真菌孢子数应少于周围的室外环境或是对照组中未受污染的房间。室内环境的孢子类型应与周围或未受污染的房间接近。不应存在危害性极大的孢子。

真菌与其孢子、代谢物评价表　　　　　　　　　　表 3.2-26

评价指标	安全	轻微	严重	极严重
孢子菌落 CFU(m^3)	＜200	200～500	500～1000	＞1000
二氧化碳(ppm)	＜600	600～1000	1000～1500	＞1500
微小空气离子(个/cm^3)	＞500	200～500	100～200	＞100
气体静电(V/m)	＜100	100～500	500～2000	＞2000

（3）酵母与其代谢物

在室内空气、表面、厕所、卧室、厨房及食物储存室，酵母不应被检出，即使有也应最小化。

（4）细菌与其代谢物

室内空气的细菌值应低于周遭的室外环境或是对照组中未受污染的房间。

Fitwel 健康建筑体系是由美国疾病控制与预防中心（CDC）和美国总务管理局（GSA）于 2017 年共同推出的全球权威健康建筑认证体系。其以超过 5000 多个学术调查研究的专家分析报告为基础，通过活力设计和优化社区运营，增加使用者的健康和福祉。该标准是由主动设计中心（CfAD）负责运营的一套普适性健康建筑标准，其内容如图 3.2-4 所示。

图 3.2-4　Fitwel 认证体系

Fitwel 是用于优化建筑物以支持人体健康的认证体系。2017 年年初设立、2018 年下半年进入中国市场。自 2017 年以来，Fitwel 在全球已有 240 多个注册项目，全球用户达 2300 人。

Fitwel 为多种建筑类型（包括多户住宅、零售商店、社区和工作场所）提供量身定制的计分表，使用起来非常方便。最大优点之一是，没有任何"先决条件"或要求会阻止建筑物符合获得 Fitwel 认证的资格。因为 Fitwel 认为健康是一个相互关联的系统，没有单一的主导领域或类别。Fitwel 也是目前唯一获得金融支持的健康建筑认证项目：通过与主动设计中心合作开发的房利美

（Fannie Mae）"健康住房奖励"计划，借款人可以获得 15 个基点的贷款价格折扣，并可以返还高达 6500 美元的 Fitwel 认证费用。要符合资格，多户家庭财产必须获得 Fitwel 认证，并为居住区中位收入（AMI）的 60% 或以下的住户提供至少 60% 的住房。

Fitwel 力求实现的 7 个目标：影响社区健康；减少发病率和缺勤；支持弱势群体的社会平等、增强幸福感、提供健康食品选择、促进乘员安全、增加体育锻炼。

Fitwel 认证体系，有五个特点：①这是一个基于技术策略的系统。一星（90～104 分）、两星级（105～124 点）、三星级（125～144 点）。②没有先决条件。申请时，

Fitwel 会提供有关该技术为何与维持其合并的健康信息相关的重要性的数据。③基于可证明的信息。Fitwel 以更多方式指出已证明可通过多种方式影响个人健康和福祉的方法。④访问在线文档和应用程序。Fitwel 提供在线项目管理工具。⑤Fitwel 提供大使计划和冠军计划。

也要注意国外健康住宅标准的本土化，作为健康建筑标准的奥斯卡，WELL 标准体系已成为众多房企的参照标准。不过，该体系是按照美国人的生活习惯制定的，由于中美两国在建筑规范设计方面存在差异，将 WELL 标准体系原样引入中国，会水土不服。WELL 建筑标准的"汉化之路"正被不同的房企诠释出新内容，为中国、更为全世界的多用户住宅项目如何真正实现健康的居住空间提供落地经验和实践基础。

在健康建筑标准的制定研究上，国内也在不断尝试。1999 年的健康住宅示范工程，涵盖 42 个城市 62 个试点项目。健康建筑是建立在绿色建筑的基础上，全面关注健康相关要素，更加强调以人为本的建筑。发展阶段更高，涵盖领域更广，健康元素更聚焦，指标要求更严，用户感知性更强。

健康建筑是"健康中国"战略在建筑领域落实的重要途径，针对响应健康中国五大重点：建设健康的室内外生活环境、提供系统连贯的健康服务、普及健康的生活方式、发展健康产业链、完善全面的健康保障，建筑为战略实施提供了绝佳的载体。

中国建筑学会制定了我国第一部团体标准《健康建筑评价标准》T/ASC 02-2016，于 2017 年 1 月 6 日发布实施，规范并引导着健康建筑的建设。《健康建筑评价标准》对健康建筑的定义：健康建筑在满足绿色建筑性能要求的基础上，为使用者提供更加健康的环境、设施和服务，促进使用者身心健康、实现健康性能提升的建筑。

标准以人的全面健康为出发点，兼顾生理、心理、社会三大因素，客观与主观参数相结合，提出空气、水、舒适、健身、人文、服务六大指标，十项专业、健康性能提升与健康创新要求，分为设计评价和运行评价，构建了全面的健康建筑评价体系。

健康建筑是在建筑基础功能上的健康性能提升，以人的心理健康、生理健康和社会健康为基点，以空间、设施、设备、服务为物理载体，满足介质性要素（空气、水），感知性要素（声、光、热湿）和措施性要素（健身、人文、服务）的指标要求，健康指标实现途径是坚决杜绝有害因素、积极鼓励有益因素、正确引导弹性因素相结合。

《健康建筑评价标准》框架体系如图 3.2-5 所示。

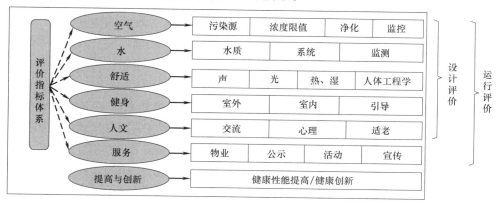

图 3.2-5 《健康建筑评价标准》框架

空气要素。对全污染物、全部品和全空间进行分类，设置浓度限值、采取技术措施保障空气品质。

提出基于全过程、全部品散发率叠加预测的室内污染物控制；基于室内暴露水平和人体健康风险的 PM2.5 浓度控制；把室内 PM2.5 和 PM10 年均浓度限值作为健康建筑标准的控制项。室内空气质量整体提高，要求更高。

新引入概念：室内空气质量表观指数 IAQI，化零为整，定量描述室内空气质量状况的无量纲指数；实时监测具有代表性和指示性的室内空气污染物指标，计算、发布 IAQI，以便建筑管理方对系统作出及时的调试或调整。

针对中式烹饪方式会产生大量的颗粒物、油烟等的特点，对厨房通风量及气流组织进行严格要求。厨房空气污染物专项控制，一方面降低人员暴露于油烟中的危害，另一方面从源头避免烹饪带来的污染。

条文提出设置空气净化装置降低室内污染物浓度：设置具有空气净化功能的集中式新风系统、分户式新风系统或窗式通风器；未设置新风系统的建筑，在循环风或空调回风系统内部设置净化装置，或在室内设置独立空气净化装置。

水要素。对水的不同用途、水系统的不同环节进行分类，优化系统构成、提高水质要求，最大限度地提升用水体验。

高要求的生活饮用水水质：加强生活饮用水中总硬度、菌落总数以及嗜肺军团菌方面的要求；生活饮用水总硬度为现行标准限值的 25%。舒适的用水体验：采用同层排水、恒温混水阀、分水器配水、防干涸地漏等措施，为用户带来高品质的用水体验。可感知的用水品质：在线监测主要用水系统的水质（浊度、余氯、pH 值、电导率等），并向建筑使用者公开。

针对饮用水消毒杀菌，降低感染风险；降低因管网漏损导致的室内发霉以及细菌、病毒传播风险；避免排水管道串通导致的细菌、病毒传播；实时掌握水质情况，避免水质污染；分别提出相关要求详细条文。

舒适要素。从人的感官全面出发，将舒适性指标分解为声、光、热湿和人体工程学，重新定义舒适的内涵。

声环境要素。从健康角度重划噪声功能空间分类，提高噪声限值要求，通过声学专项设计使用户远离噪声困扰。

新引入概念：声景，在给定场景下，个体或群体所感知、理解或体验的声环境。通过引入人工声进行声掩蔽，创造和谐自然声，结合空间环境、物理环境及景观因素对声环境进行全面的设计和规划等措施，实现听觉因素与视觉因素的平衡和协调，促进人的情绪愉悦。营造舒适室内环境，拒绝声污染。

新引入概念：生理等效照度，根据辐照度对于人的非视觉系统的作用而导出的光度量。居住建筑，为保证良好的休息环境，夜间在满足视觉照度的同时生理等效照度小于等于 50lx；公用建筑，为保证舒适的工作环境、提高工作效率，不少于 75% 的工作区域内主要视线方向的生理等效照度应大于等于 250lx，且时数不低于 4h/d。天然采光利于心情舒畅，协助调节生理节律，有利于提高自身免疫力。

舒适的温湿度利于降低呼吸道疾病患病率。热湿环境的舒适性评价内容，包括室内人工冷热源热湿环境、室内非人工冷热源热湿环境、合理的湿度范围和供暖空调系统舒适可调 4 个方面。其中最重要的评价指标就是 PMV 和 APMV。

室内良好的热湿环境在对居民产生积极影响的同时也对室内的空气质量的提升有明显的影响，对"健康建筑"的发展有着重要意义。

首次在建筑标准中融入人体工程学设计理念，通过建筑空间、设备尺寸和角度等设计，减少人的机体损伤。卫生间平面布局提升使用者舒适性。

健身人文要素，建立全空间适应、全龄友好的健身和人文环境。

全龄友好设计，符合老人、儿童、妇幼及青壮年活动和健身需求，兼顾安全与方便的设施和场地，打造全龄友好的健身和人文环境。

关爱心理健康，设置功能房间：在建筑中设置静思、宣泄或心理咨询室等心理调整房间，有利于消除或缓解紧张、焦虑、忧郁等不良心理状态；优化建筑设计：包括空间、布局、色彩等达到舒缓心理的作用。

数量充足、种类丰富的健身场所，有利于身心健康；减少电梯、公共交通工具等处的人员聚集，降低感染概率；舒缓压力，呵护心理健康；具有应对突发情况的紧急救助条件；分别提出相关要求的详细条文。

服务要素。建立健康建筑日常管理制度与应急管理机制，提高物业从业能力与服务水平，保障建筑用户食品安全与营养，普及健康知识，促进邻里和谐。

建立应急预案，便于突发情况下有序管理；降低由垃圾造成的二次感染率；减少细菌和病毒传播，便于有效管理的要求。

国家住宅与居住环境工程技术研究中心、中国建筑设计院有限公司主编的中国工程建设协会标准《健康住宅评价标准》T/CECS 462—2017，2017 年 2 月 7 日发布，2017 年 5 月 1 日实施。标准中对健康住宅的定义：在符合居住功能要求和绿色发展理念的基础上，通过提供更加健康的环境、设施与服务，促进居住者生理、心理、道德和社会适应等多层次健康水平提升的住宅及其居住环境。

该标准由空间舒适、空气清新、水质卫生、环境安静、光照良好，健康促进 6 大评价指标，22 项构成，见图 3.2-6。本标准适用于城镇新建和改建居住建筑的健康性能的评价。

健康住宅的评价分为设计评价和运行评价。设计评价以场地健康自评估报告、方案和施工图设计文件为评价对象。运行评价应在申报项目通过竣工验收并投入使用一年后进行。

按 6 指标权重，当健康住宅总分分别达到 50 分、60 分、80 分时，健康住宅等级分别为一星级、二星级、三星级。

健康住宅最低要求的部分条款：会引起过敏症的化学物质浓度很低；在厨房、卫生间或吸烟处，要设局部排气设备；CO_2 浓度低于 1000ppm；悬浮粉尘浓度低于 0.15mg/m^3；噪声小于 50dB（A）；安装性能良好的通风换气设备，能将室内污染物排到室外。特别是对高气密性、高隔热性住宅来说，必须采用有风管的中央通风换气系统，定时通风换气。

图 3.2-6 《健康住宅评价标准》内容

3.3 用户体验与场景技术

3.3.1 用户体验

美国社会心理学家马斯洛认为，人类有一些先天需求，人越低级的需求就越基本，越与动物相似；越高级的需求就越为人类所特有。这些需求是按照先后顺序出现的，当一个人满足了较低层级的需求之后，才能出现较高层级的需求，即需求层次理论。

室内气候系统的用户需求可以分为 6 个层次：限制需求、保障需求、生理需求、认可需求、尊重需求、自我实现。

室内气候用户需求层次：

第一层限制需求：外部条件不足，只能生理和心理适应；

第二层保障需求：供冷/供热；

第三层生理需求：舒适、健康、智能、成长；

第四层认可需求：领先科技；

第五层尊重需求：个性设计，独特性；

第六层自我实现：更高追求。

用户需求分析是去挖掘用户产生某个愿望时，其心里是被什么在驱动着。围绕着用户背后的需求来做产品、做内容、做服务，就能有机会为企业创造更大的价值，这也是用户需求分析的意义所在。

先要明确用户需求，之后是让用户体验更好。用户体验贯穿购买前、购买中和购买后的全过程。用户体验是用户在使用产品过程中建立起来的纯主观感受。但是对于一个特征明确的用户群体来讲，其用户体验的共性能够经由良好设计实验找到。计算机和互联网技术创新形态正在发生转变，以用户为中心、以人为本的理念越来越得到重视。

ISO 9241-210 标准（人-机交互作用的人类工效学第 210 部分：交互式系统用以人为中心的设计）将用户体验定义为"人们对于针对使用或期望使用的产品、系统或者服务的认知印象和回应"。通俗来讲就是"这个东西好不好用，用起来方不方便"。因此，用户体验是主观的，实际应用时所产生的效果，有三种不同的体验：

1）感观体验：呈现给用户视听上的体验，强调舒适性。一般在色彩、声音、图像、文字内容、网站布局等方面呈现。

2）交互体验：界面给用户使用、交流过程的体验，强调互动、交互特性。交互体验贯穿浏览、点击、输入、输出等全过程。

3）情感体验：用户心理上的体验，强调心理认可度。让用户通过站点能认同、抒发自己的内在情感，则说明用户体验较好。情感体验的升华有利于口碑的传播，形成高度的情感认可效应。

ISO 定义还有如下解释：用户体验，即用户在使用一个产品或系统之前、使用期间和使用之后的全部感受，包括情感、信仰、喜好、认知印象、生理和心理反应、行为和成就等各个方面。有三个影响用户体验的因素：系统、用户分类和使用环境。

在如今商业竞争激烈的客户时代（图 3.3-1），旧的用户服务方式正在衰落，传统的市场用户细分在逐渐失效，用户成为真正的决定因素。核心问题只有两个：用户喜欢什么和讨厌什么。

图 3.3-1 客户时代

我们所生产的产品是供人们在现实世界中使用的。在产品开发过程中，更多的是关注产品用途。设计师经常忽略的一点是产品如何工作，而这恰恰是决定产品成败的关键因素。用户体验并不是指一件产品本身是如何工作的，用户体验是指"产品如何与外界发生联系并发挥作用"，也就是人们如何"接触"和"使用"它。当人们询问你某个产品或服务时，他们问的是使用的体验。它用起来难不难？是不是很容易操作？使用起来感觉如何？因此我们所要做的是从产品设计到用户体验设计的转变。

产品设计和用户体验设计有什么不同？毕竟每一个产品都是把人类当作用户来进行设

计的，而产品的每一次使用都会产生相应的体验。以桌椅为例，椅子是用来坐的，桌子是用来放东西的。但这两个简单产品却都可能给用户带来不满的体验：椅子承受不了一个人的重量，或者桌子摇来晃去不够稳定。

产品越复杂，确定如何向用户提供良好的使用体验就越困难。在使用产品的过程中，每一个新增的特性、功能和步骤，都增加了导致用户体验失败的机会。为体验而设计的原则：使用第一。

用户体验对所有的产品和服务来讲都是至关重要的，而交互界面是一种特殊的用户体验。在交互界面上，用户体验比任何其他产品都显得更重要。交互界面是一门综合、复杂的技术，当人们使用这些深奥的技术遇到困难时，有趣的事情发生了：他们总是责备自己，他们认为一定是自己做错了什么，他们觉得自己很笨。但是这样的说法是不理性的，交互界面没有按照用户所期望的那样运作，不能算作是用户的问题。而大部分交互设计没有意识到用户的困境，只能让事情变得更糟糕。在大多数交互界面设计过程中去理解人们所想和所需这样一件简单的事情，都从来没有得到过重视。

用户的体验就是商机，简而言之，如果你的用户得到一次不好的体验，他们将不再回来。虽然用户在你的产品上体验尚好，但如果他在你竞争对手那里感觉更好，那么下次他们将会直接去找你的竞争对手。用户体验对于客户的忠诚度有着更大的影响。

任何在用户体验上所做的努力，目的都是为了提高效率，这基本上是以两种主要形式表现出来："帮助人们工作得更快"和"减少他们犯错的概率"。而且需要不断改进用户体验。

体验设计就是思考如何取悦用户，你应该采取的思路是：我该怎样创造真正适合这类用户的服务。不要再把客户服务当作提供一种最佳实践方式，应该把它当作一种设计行为。设计、文化、洞察力和用户类型是创造完美用户体验的 4 大支柱。

文化：想要吸引优秀的人，自己首先需要成为优秀的人，这就是能给你带来成功的文化。真正建立一个清晰并且获得内部一致认同的、为人民服务的使命。越是注重钱财，赚的钱越少，越是注重实践终极的价值观，并且能够建立以使命为核心的组织文化，最后赚的钱反而会越多。为传递善意而做好事的企业才能够吸引优秀的人才。

洞察力：创新很简单，困难的是知道应该创新做什么。用户体验也很简单，困难的是了解用户喜欢什么讨厌什么。这样你才能够提供用户喜欢的用户体验，并且吸引回头客。

用户类型：了解你的用户不应仅仅根据他们的民族和财富，而要深入地了解他们喜欢什么、讨厌什么。只有掌握了这些信息，才能够创造出终极的、合适的、并且非常人性化的用户体验。

在室内气候技术中，舒适、健康、智能和成长都可能被设计为体验元素。供应商首先应该建立体验空间，邀请潜在客户实际体验，让其体验与传统产品不一样的身体感受，在与传统产品的竞争中获得先机。

3.3.2 场景分析

1. 场景是什么？

场景是指在特定时间、空间内发生的行动，或者因人物关系构成的具体画面，是通过人物行动来表现剧情的一个个特定过程。这个词最开始出现在影视作品中，由时间、地点、人物、事件这四个元素组成，人在什么时间？什么地方？都有谁？做一件什么事？

吴声在《场景革命：重构人与商业的连接》一书中主要说明了以下三点：① 以人为中心的体验细节。如很多人坐地铁的时候由于睡觉、玩手机等容易坐过站，为了解决这一问题，高德和百度地图就推出了到站提醒的功能，设定目标站点，快到站时手机会自动发送提醒。②一种连接方式。一个动作是单点，将多个单点连接起来就组成一个场景。如饭店吃饭，饭前可以在商家的微信公众号中查看菜谱，点菜下单。如果需要排队，取完号后用微信扫码可以查看排队进度，轮到你的时候，微信会给提示。等吃完饭，直接扫桌子上面的二维码买单即可，这就是将多个单点需求串联起来的场景。过程中的服务可能是一个产品，也可能是由多个产品提供。③价值交换方式和新生活方式的表现形态。有一些场景是本来就存在的，只是之前是依靠别的形式满足，而现在可以改用互联网的方式满足。比如：唱歌，之前只能去线下的 KTV，但是现在却可以使用唱吧这样的 APP，虽然效果不如 KTV，但是对于要求不高的用户来说，需求也得到了满足。产品经理经常提到"场景"这个词，我们常常需要用场景来证明自己的需求。从某种意义上说，场景对等了需求，而有了需求才会有开发功能的必要，自然也就有了新产品。

2. 场景与需求层次的关系

人的需求是分等级的，场景与需求层次也是一一对应的，可以通过对不同需求层次的满足，来设定不同的场景。打车、找餐馆吃饭，这属于生理层面最基本的需求。其次，围绕着情感需求，很多产品也做了很多尝试，例如：传统的书店行业，在之前的几年受互联网冲击特别大，同样一本正版书在网上的价格与书店相差二三十元，很多人都习惯在网上买书了。在很多城市，除了新华书店外，基本上已经不存在独立的书店了。到最近的几年才出现了一些新兴书店，不同于以往的书店模式。这些书店的装修更有格调，而且大多分布在大型商场里和城市中的繁华地段。除了买书需求外，也提供了看书的空间，另外还会提供文具、服装等一些周边产品。扩展了收入途径，也增加了持续经营下去的可能。买书前要选书，而选书通常都需要看书，这也是一个连接场景。书店的做法满足了人们的情感需求，满足了人们对于美好生活的向往。

具体内容产品搭建社区已经不是什么新鲜事了，这种做法的思路是摸准用户的特性，本来只是满足一个需求，现在满足多个。前提是扩展的需求跟已满足的需求相关联，两个场景相关联。

3. 如何利用场景

学以致用，既然学了知识，就该想办法好好利用起来。对场景的利用，主要分为两个思路：一个是用产品构建场景；另一个是根据场景创造产品。先说第一个，现在去很多商场逛街，你会发现有些商场会定期搞一个主题，把商场装扮成某种氛围。例如：名叫爱琴海的商场，为了符合名字主题，它就会将某几条内部走廊铺上彩石，烘托出大海的氛围，给人营造一种浪漫的感觉。而内陆城市没有大海，所以很多游乐园，都会打造一个人工海水浴场。商家会在室内搭建一个海景、有水、有沙滩，虽然是人工的，但也能间接满足需求。上面这个思路是产品自身创造场景去满足用户需求。除此之外，也可以反着来，根据场景创造产品。

比如说在不同中国气候分区，有许多令人不舒适的气象现象，如寒流、梅雨天等，会带来身体上不舒服、生活上的麻烦。我们可以把这些麻烦看成是一种场景，开发出有针对性的室内气候系统来匹配这个场景，再根据系统目标和控制要求提出对新产品（如深度新风除湿机）的设计要求。

4. 场景的商业化

场景如何商业化？一种做法是扩展商业模式，米奇的形象源于一个动画片，本来只能靠着内容和广告收费，但是现在却可以依靠销售形象赚取版权费，与别的服装品牌合作销售米奇形象的衣服，这都是商业收益。另外影视作品中的植入广告也算是场景商业化的实现。对室内气候系统而言，可以通过为用户提供订制的室内环境质量报告的方式，创造用户"知晓"这个价值，实现商业收益。

5. 场景对产品有什么用？

我们可以利用场景发现新的需求。音频产品可以根据不同的场景推送不同的内容，例如：早上给用户推送适合清晨听的内容，晚上睡觉前给用户推一些安静的、适合催眠的声音。考虑到用户使用耳机听歌更多是在户外，行走或者乘坐公共交通工具，音乐和视频类的 APP 都会做一个功能，当你突然拔下耳机时，自动暂停播放，避免声音外放引起不必要的尴尬。

在室内气候技术中，同样可以使用场景分析工具，将原有暖通空调系统的工程设计（指标设计）变成以用户为中心的场景设计（用户语言）。再根据对场景的分析提出对产品开发、售后服务的新需求。

室内气候设计的基础是一个暖通空调设计，因此要满足暖通空调行业的标准规范要求。有些是具体数值指标；舒适场景、健康场景是用户的个性需求，很难用数字化指标来表示，但可用场景化分析技术找出用户需求的内在内容并用语言来描述出来；还有一些是用户用来衡量系统和服务质量的，如能耗要求和售后服务要求等，这些最后出现在合同条款中。参数指标、场景需求和合同条款构成了完整的用户需求。如果这些场景和条款是之前用过的，则可以借鉴之前的内容，而如果是新的则需要研发和调试，需要一定的开发成本。但由于室内气候技术的数字化特点，一旦新场景被第一个用户使用，后面用户的使用成本就会直线下降。

所谓场景就是根据用户在实际生活中的喜好，选择保留什么（喜欢的因素），去除什么（讨厌的因素）。处于不同气候区或不同使用场合（居住、办公等）的用户所提出的场景是不同的，需要通过深入交流清晰用户需求，再进行场景描述。

图 3.3-2 是室内气候技术的一些场景及对应的措施。通过场景分析技术，将用户需求

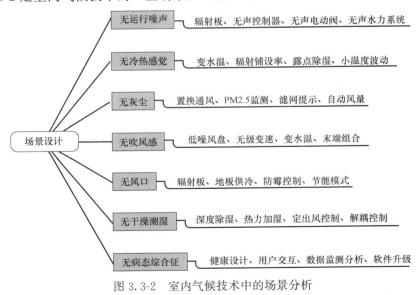

图 3.3-2　室内气候技术中的场景分析

室内气候系统		独立采暖	冷热两联供	舒适三恒环境	健康辐射空间
功能	供热	✓	✓	✓	✓
	供冷	✗	✓	✓	✓
	通风	✗	✗	✓	✓
	控湿	✗	✗	✓	✓
	热水	✓	可选	可选	
春天	无黄梅天	✗	✗	✓	✓
	无潮湿霉味	✗	✗	✓	✓
	不阴冷	✓			
夏天	无空调病		✗	✗	✓
	无吹风感		✗	✗	✓
	无温度不均、忽冷忽热		✗	✓	✓
	脚感不凉		✓	✓	✓
	无空调口无冷凝水		✗	✓	
	无闷热潮湿		✗	✓	✓
	无运行噪声		✗	✗	✓
	可选地冷		✗	✓	✓
秋天	无吹风感		✗	✗	✓
	不冷不热不干燥		✓	✓	✓
冬天	不冷不过热	✓	✓	✓	✓
	加湿选项	✗	✗	✓	✓
室内环境	卫生间无异味、不串味	✗	✗	✓	✓
	全年室内无积灰	✗	✗	✓	✓
	置换通风不共享空气	✗	✗	✓	✓
	全年室内不发霉	✗	✗	✓	✓
	室内晾衣次日干	✗	✗	✗	✓
	全年运行无噪声		✗	✗	✓
	全年不冷不热不闷不湿	✗	✗	✓	✓
智能使用	手机远程控制	可选	可选	✓	✓
	一键控制	✓	✓	✓	✓
	服务提示	✗	✗	✓	✓
	故障预警	✗	✗	✓	✓
	软件升级	✗	✗	✓	✓
	远程售后服务	✗	✗	✓	✓
评估改进	24h实时数据记录	✗	✗	✓	✓
	全年设定温度波动	✗	✗	✓	✓
	全年湿度波动	✗	✗	✗	✓
	全年CO_2浓度达标	✗	✗	✓	✓
	全年PM2.5浓度达标	✗	✗	✓	✓
	全年能耗监测	✗	✗	✓	✓

图 3.3-3 夏热冬冷地区场景实现表

从"用户表达"转变为"技术条件"。

室内气候技术不同等级所能实现的场景是不一样的，图3.3-3是夏热冬冷地区的场景列表，可供客户选择方案时参考。通过这种方式，可以帮助客户清楚地认识不同等级方案能达到的使用效果的差别。

借助场景分析工具，帮助客户明确自己的真实需求，也就是确定解决方案的设计要求。要精准实现各个场景背后的技术内容，对集成商而言是很大的考验。室内气候技术整合环境工效、建筑气候、数字孪生及暖通空调新思维，不仅要提出个性解决方案，而且还要实现全周期管理服务、数据监测不断迭代，让用户满意度始终保持在较高的水平。

本章参考文献

[1] 麦金泰尔. 室内气候 [M]. 龙惟定，殷平，夏清译. 上海：上海科学技术出版社，1988.

[2] （日）宇田川光弘，近藤靖史，秋元孝之，长井达夫. 建筑环境工程学-热环境与空气质量 [M]. 陶新中译. 北京，中国建筑工业出版社，2016.

[3] （美）Jesse James Garrett . 用户体验要素-以用户为中心的产品设计 [M]. 范晓燕译. 北京：机械工业出版社，2011.

[4] （美）尼古拉斯·韦伯. 极致用户体验-从为产品寻找用户到为用户设计体验 [M]. 丁祎平译. 北京：中信出版集团，2018.

[5] 吴声. 场景革命：重构人与商业的连接 [M]. 北京：机械工业出版社，2015.

[6] ISO 7730：2005 Ergonomics of the thermal environment—Analytical determination and interpretation of thermal comfort using calculation of the PMV and PPD indices and local thermal comfort criteria. ，2005.

[7] 中国建筑科学研究院. GB 50736 民用建筑供暖通风与空气调节设计规范. 北京：中国建筑工业出版社，2012.

[8] ISO 17772-1：2017 Energy performance of buildings-Indoor environmental quality-Part 1：Indoor environmental input parameters for the design and assessment of energy performance of buildings. ，2017.

[9] 中国环境科学研究院. 环境空气质量标准 GB 3095—2012 [S]. 北京：中国环境科学出版社，2016.

[10] 中国疾病预防控制中心等. 室内空气质量标准 GB/T 18883—2002 [S]. 北京：中国标准出版社，2003.

[11] 河南省建筑科学研究院有限公司等 . 民用建筑工程室内环境污染控制规范 GB 50325—2020 [S]. 北京：中国计划出版社，2020.

[12] 陈滨. 住建筑室内健康环境评价方法 [M]. 北京：中国建筑工业出版社，2017.

[13] 中国建筑设计院有限公司. 健康建筑评价标准 T/ASC 02—2016 [S]. 北京：中国建筑工业出版社，2021.

[14] 国家住宅与居住环境工程技术研究中心，中国建筑设计院有限公司. T/CECS 462—2017 健康住宅评价标准. 北京：中国计划出版社，2017.

第 4 章

数字孪生技术

室内气候解决方案从底层的设备、系统到用户的舒适和体验，是一个人机交互问题："人-设备-环境"。整个解决方案中要有带通信接口的设备；要有环境传感器；要有人机交互界面；要有数学模型和算法软件；还要有云平台。

现实中实体系统与虚拟计算机系统的关联是数字孪生技术，因为有了模型和算法就可以进行参数预测、精准控制。本章内容介绍室内气候涉及的各项技术内容。

4.1 计算机控制原理

计算机控制系统是当前自动控制系统的主流方向，它利用计算机的硬件和软件代替了自动控制系统的控制器，以自动控制技术、计算机技术、检测技术、计算机通信与网络技术为基础，利用计算机快速强大的数值计算、逻辑判断等信息加工能力，使得该系统除了可以实现常规控制策略之外，还可以实现复杂控制策略和其他辅助功能。

计算机控制系统可以充分发挥计算机强大的计算、逻辑判断与记忆等信息加工能力。只要运用微处理器的各种指令，就能编写出相应控制算法的程序，微处理器执行该程序就能实现对被控参数的控制。由于计算机处理输入输出信号都是数字量，因此在计算机控制系统中需要有协议接口，或者是将模拟信号转为数字信号的转换器。除了这些硬件之外，计算机控制系统的核心是控制程序。计算机控制系统执行控制程序的过程如下：

1）实时数据采集。对被控参数按一定的采样时间间隔进行检测，并将结果输入计算机。

2）实时计算。对采集到的被控参数进行处理后，按预先最好的控制算法进行计算，决定当前的控制量。

3）实时控制。根据实时计算得到的控制量，通过协议接口或者是转换器将控制信号作用于执行机构或设备。

4）实施管理。根据采集到的被控参数和设备状态，对系统的状态进行监督与管理。

计算机控制系统是一个实时控制系统，要求在一定的时间内完成输入信号采集、计算和控制输出。如果超出这个时间也就失去了控制的时机，控制也就失去了意义。上述测、算、控、管过程不断重复，使整个系统按一定的动态品质指标进行工作，并且对被控参数和设备状态进行监控，对异常状态及时监督并迅速处理。

计算机控制系统由控制计算机和控制过程两大部分组成。控制计算机是计算机控制系统的核心装置，是系统中信号处理和决策的机构，相当于控制系统的神经中枢。控制过程，包括被控对象、执行机构、测量变送等装置。从控制的角度来看，可以将控制过程看作是广义对象。虽然计算机控制系统被控对象和控制任务是多种多样的，但是就系统中的计算机而言，计算机控制系统其实就是计算机系统，系统中的广义被控对象可以看作是计算机的外围设备。计算机控制系统和一般的计算机系统一样，也是由软件和硬件两部分组成。

计算机控制系统的硬件是完成控制系统的设备基础，而计算机的操作系统和各种应用程序是执行控制任务的关键，统称为软件。计算机控制系统的软件程序不仅决定其硬件功能的发挥，同时也决定了控制系统的控制品质和操作管理水平，软件通常包括系统软件和应用软件。

系统软件是计算机的通用性支撑性软件，是为用户使用管理维护计算机提供方便程序的总称，它主要包括操作系统、数据库管理系统、各种计算机语言编译和调试系统、诊断程序以及网络通信等。系统软件通常由计算机厂家和专业软件公司研制，可以从市场上购置。

应用软件是计算机在系统软件支持下实现各种应用功能的专用程序，计算机控制系统的应用软件是设计人员针对某一具体控制过程而开发的各种控制和管理程序。其性能优劣直接影响控制系统的控制品质和管理水平。应用软件一般包括输入和输出接口程序、控制程序、人机接口程序、显示程序、报警和故障连锁程序、通信和网络程序等。一般情况下应用软件由计算机控制系统设计人员根据所定的硬件系统和软件环境来开发编写。

计算机控制系统中的控制计算机与通常用作信息处理的通用计算机相比，要求对被控对象进行实时控制和监视，其工作环境一般都较恶劣，却需要长时间不断可靠地工作。这就要求该计算机系统必须具有实时响应能力和很强的抗干扰能力，以及很高的可靠性。除了选用高可靠性的硬件系统外，在选用系统软件和设计编写应用程序时还应该满足对软件的实时性和可靠性要求。

随着计算机和通信技术的发展，过程控制的一些功能进一步分散下移，出现了各种带协议接口的设备、智能传感器、执行器等。这样不仅可以简化布线、减少模拟量、在长距离输送过程中减少干扰和衰减的影响，而且还便于共享数据、在线自测。现场总线是适应智能控制的一种计算机网络，它的每个节点均是协议设备或智能仪表、执行器，网络上传输的是双向的数字信号。概括起来，现场总线技术（图 4.1-1）具有如下一些特点：

1）现场总线把处于设备现场的协议设备、智能仪表（智能传感器、智能执行器等）连成网络，使控制、报警、趋势分析等功能分散到现场去，将使控制结构进一步分散，导致控制系统体系结构发生变化。

2）每一路信号都需要一对信号线的传统方式被只有一对的现场总线所代替，节约了大量信号电缆、简化了信号线的布线工作、降低了信号线安装保养费用。而且传输信号的数字化使得检错纠错手段得以实现，这又极大地提高了信号转换精度和可靠性。因此，现场总线具有很高的性价比。

3）符合同一现场总线标准的不同厂家的设备、智能仪表可以联网，实现互操作；不同标准的通过网关或路由器也可互联，现场总线控制系统是一个开放式系统。

20 世纪 80 年代以后，一种融现代建筑技术、信息技术、计算机组合自动控制基础于一体的现代化建筑悄然兴起，称为智能建筑。时至今日配有智能化设备设施的智能大厦和智能住宅遍布全世界。

智能建筑可以分为以下三类：①基于性能的定义；②基于服务的定义；③基于系统的定义。

基于性能的定义列举建筑需具备哪些性能来定义智能建筑。欧洲智能建筑组织定义智能建筑为：建筑为其使用者营造一个最有效率的环境，同时有效地利用和管理资源，并最小化硬件和设施的寿命损耗。基于性能的智能建筑定义考核建筑设计，其着重于建筑的性能及使用者的需求，而不是侧重技术和系统的采用。根据此定义，业主和开发商需明确他们需要怎样的建筑，以及怎样才能始终满足使用者不断提高的要求。建筑的能耗和环境性能当然是智能建筑的重要方面，智能建筑也需具备快速适应内外环境以及使用者需求变化的能力。

基于服务的定义从建筑所提供的服务及服务质量的角度来定义智能建筑。日本智能建筑研究所对智能建筑的定义就是一个基于服务的定义。他们的考核角度包括具备通信办公智能化及楼宇智能化服务的建筑，同时也为实现智能化活动提供方便，该定义强调的是对使用者提供的服务。

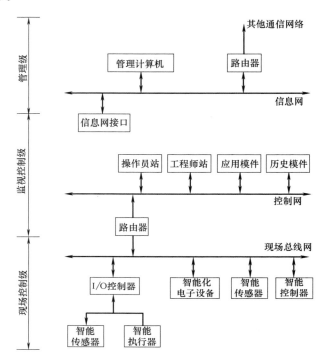

图 4.1-1　现场总线建筑设备自动化系统结构

基于系统的定义用建筑所具有的技术及技术系统来定义智能建筑，具有代表性的定义是中国智能建筑设计标准。其中描述的智能建筑需具备实现建筑自动化、办公自动化及通信网络系统的设施平台，并同时拥有融合了建筑结构系统、服务及管理的优化集成而为使用者提供高效、舒适、便利和安全的建筑。

智能建筑是以建筑物为平台，基于对各类智能化信息的综合应用。集架构系统应用管理、优化组合为一体，具有感知传输记忆推理判断和决策的综合智慧能力。形成人-建筑环境互为协调的整合体。为人们提供安全高效、可持续发展、环境舒适健康的建筑。近年来随着互联网的普及、物联网的渗透、大数据的涌现，在信息环境急剧变化，经济社会发展强烈需求的共同驱动下，城市住区即建筑物的规划建设与新一代信息技术高度融合，政府管理与服务创新、便民利民的发展，催化了产业升级改造的新模式。

物联网解决方案就是构造信息物理系统。形成人与计算机（虚拟世界）和设备系统之间的相互关系，这也就是数字孪生系统。首先需要了解的是这一系统究竟有哪些部分和功能组成？在对数字孪生系统的构成要素进行分析时，这些构成要素的组合被称为框架。我们必须按照这个框架来设计适合自身商业活动的物联网（IOT）。物联网框架的主要要素包括：获取、收集、传输、分析、可视化、模型化、最优化、控制和反馈等。如图 4.1-2 和图 4.1-3 所示。

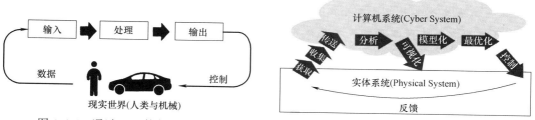

图 4.1-2　通过 IOT 控制现实世界　　　　图 4.1-3　虚拟系统与 IOT 框架的要素

相对于传统的解决方案，物联网解决方案具有天然的技术优势，这也是物联网向传统行业渗透的方式。物联网方案需要考虑的方面有：如何搭建物联网网络、设备管理、协议设计、应用场景（设备位置）、系统维护、新建系统还是在旧系统上物联网升级、与外部系统的接口、安装、系统向后兼容性、可能遇到的困难等。

云技术可以说是最能体现物联网方案优势的地方。在面对一个新的项目时，传统的设计方案多着重在系统功能完备、系统接口完善、系统业务流程上。这些对于熟悉行业的方案商来说，方案是无差别的。但是云技术的引进可以从根本上提高系统的能力（计算机速度、并发性、稳定性、可靠性），这是传统服务器架构所不能比拟的。由于云技术的实施速度非常快，这极大地提高了系统的实现周期。云技术众多的展示方式，不仅在数据展示上更加多样，同时解决了传统服务器所不具备的海量数据计算能力，从而可以挖掘更多的数据服务、为客户提供更多的增值服务。带有云技术的物联网方案系统也具有更强的自我扩张性。同时云技术的"一切皆服务"的思想也为行业客户、行业方案带来新的商业模式。

物联网行业中的设备管理不只是工业设备，也包括物联网设备。举一个例子，一个行业设备，例如水泵，在传统的公共领域，通常是加一个单片机（MCU）对其进行控制。但是在物联网改造时，我们是加入一个物联网终端控制设备来控制水泵。因此在一个节点的设备管理中，会包括两个设备：一个是被控制的行业设备，另一个是物联网终端控制设备。

对于被控制的行业设备来讲，设备管理包括状态监测生命周期管理、数据采集、设备控制、设备诊断等几个方面。状态监测包括：运行的基本状态指示、异常报警等；数据采集，即设备运行过程中各类运行指标；设备控制，即远程或者本地控制设备的开关、数据采集类型、采集方式、采集频次等。其中设备本身对控制的反馈是物联网化升级的重要指标；设备诊断指设备能够对物联网终端设备的诊断指令进行必要的状态和数据响应，诊断系统是体现系统软硬件智能化水平的重要标志。

对于物联网终端控制设备来讲，设备管理包括接口管理、数据分析设备控制、网络连接管理、软件升级、设备位置管理等。所述的接口管理，即物联网终端设备通过工业或硬件接口能够数据采集和控制被控制设备。工业领域或者行业的硬件设备，应使用标准接口，这样遇到的困难会相对较少；数据分析是指对采集到设备最原始的数据进行一次性处理，然后按照通用的网络协议格式发送到其他设备或者远程服务器上；设备控制指物联网终端设备与远程控制之间的控制协议，也包括物联网终端设备与被控设备之间的指令控制协议；网络连接管理是指物联网终端控制设备与其他物联网终端控制设备在一个物联网局域网内的网络连接，或者物联网终端控制设备与物联网网关之间的网络连接；软件升级是指物联网终端设备的软件应该能够远程升级，因为物联网设备终端在遇到问题时不可能用传统的维护方式进行人工升级；设备位置管理，是指物联网终端控制设备应该有标识，并且可以准确知道其安装位置，无论是室外还是室内，都应该有可视化的位置体现在用户管理界面上。

物联网设计方案中突出设备的深度控制，这也是传统行业方案很难做到的部分，深度控制是指物联网解决方案提供更多的设备节点和更多的控制方式，因此可以做到方案从顶层到单元的多层控制。

智慧住区综合服务平台充分借助物联网、云计算、大数据等新一代信息技术，在住区范围内为居民提供全方位生活服务，并能通过集成物业管理者、商圈商家、电信运营商、金融机构、居民和政府管理者组成的产业链，产生运营价值的信息管理平台，并通过信息化手段，为住区提供更便捷的管理和服务。

智慧住区综合服务平台采用 C/S 架构，应用系统以 TCP/IP 的方式通过交换机连接到平台。应用系统的数据定期上传至平台服务器，业主可通过 APP 实现相关应用系统的状态查询及控制。

智慧住区综合服务平台技术框架包括采集成层、平台层、应用层和用户层。平台的功能要求包括：实现采集成层终端设备的数据规范与对接；向用户提供安防、消防等智能管理，以及智能家居、健康与养老等增值服务，实现多种用户的角色分配，实现对平台的操作和应用；建立系统整体的安全机制，以及终端设备层的安全要求；具备与第三方支付平台对接能力、数据支付通道功能；实现与上层平台或其他相关平台的数据对接。

4.2 设备协议介绍

1. Modbus 协议及其特征

Modbus 是一种串行通信协议，Modicon 公司（现在的施耐德电气）于 1979 年为使用可编程逻辑控制器（PLC）通信而发表。目前 Modbus 已经成为工业领域通信协议的业界标准，是工业电子设备之间常用的通信方式。Modbus 比其他通信协议使用得更广泛的主要原因有：①公开发表并且无版权要求；②易于部署和维护；③对供应商来说，修改移动本地的比特或字节没有很多限制。

Modbus 协议是一种工业自动化中常用的协议，它支持传统的 RS232/422/485 串行协议和以太网协议，这使得工业设备如 PLC、HMIs（人机接口）和各种不同的计量表能够使用 Modbus 协议作为其通信方式。Modbus 协议允许在各种网络体系结构内进行简单通信，每种设备（包括 PLC、HMI、控制面板、驱动程序、动作控制、输入/输出设备）都能使用 Modbus 协议来启动远程操作。在基于串行链路和以太网（TCP/IP）Modbus 上可以进行相同通信。（因为 Modbus 协议简单而且容易复制，有些设备是专为协议特别设计的，不过需要克服高延迟和时序的问题）

Modbus 属于一种主从网络，允许一个主机和一个或多个从机通信，来完成编程、数据传送、程序上传/下载和主机操作。采用命令/应答方式，每一种命令消息都对应一种应答消息，命令消息由上位机发出，当下位机收到发给自己的消息后，就发送应答消息进行响应。通常，Modbus 使用 RTU 传输模式。

2. 485 通信原理

在智能暖通空调中建立主从控制关系，系统软件与设备、房间面板、传感器和执行器等进行数据通信，通过数据交换进行数据采集和控制，如图 4.2-1 所示。

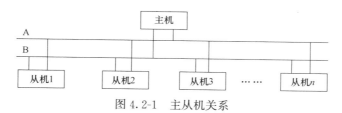

图 4.2-1　主从机关系

其特点如下：

1）有且仅有一个主机，其他的都是从机；

2）不管任何时候，从机都不能主动向主机发送数据；

3）主机有访问从机的权限，从机不可以主动访问从机，任何一次数据交换，都要由主机发起；

4）不管是主机还是从机，系统一旦上电，都要置于接收状态（或者称为监听状态）。

主从机的数据交互：

1）主机将自己转为发送状态；

2）主机按照预先约定的格式发出寻址数据帧。

所谓的约定，可以是主机开发者和从机开发者约定好的规约（协议），例如主机要通过从机控制接在从机上的电机，主机要启动电机就往从机发 0x1，停止电机就往从机发 0x2。这就是一种预先约定好的格式，但是这样做，互换性、兼容性、通用性差。例如其他公司可能是约定发送 0x03 让电机转动，发 0x04 让电机停止。导致不同厂家的主机、从机不能相互通信。用户需要的，是像网络操作，只要接入网线就能上网。

3）主机恢复自身的接收状态

主机等待自身所寻址的从机作回应，也就是说从机接收到主机的寻址命令、数据后一定要回应主机，不然主机会认为从机通信异常。回应数据包也应按照 Modbus 协议规约。

所以说，系统需要一种大家都共同遵循的规则（如 Modbus 协议），这种共同遵循的软件层协议，主要是解决如何解析传输的数据，即传输的目的或者更加可靠地传输数据。半双工通信中，都是主机寻找从机，主机的目的无非有：主机要发数据给从机，或者主机要从从机获取数据。

主机可以是一个可编程控制器（自动控制）也可以是一个电脑程序（智能控制）。

3. RS485 通信原理（图 4.2-2）

1）电压差分

RS485 总线采用了平衡发送和差分接收接口标准。在发送端将串行口的 TTL 电平信号转换成差分信号由 A、B 两线输出，经过双绞线传输到接收端后，再将差分信号还

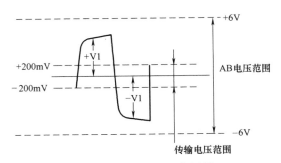

图 4.2-2　RS-485 通信讯号

原成 TTL 电平信号。因此具有极强的抗共模干扰能力，加之总线收发器灵敏度很高，可以检测到低至 200mV 的电压。故传输信号经过千米以上的衰减后都可以完好恢复。在 100kbit/s 的传输速率下，通信距离可以达到 1200m 左右。如果通信距离较短，其最大传输速率可达 10Mbit/s。如果需传输更长的距离，需要增加 485 中继器。RS-485 采用半双工工作方式，支持多点数据通信。RS-485 总线网络拓扑一般采用终端匹配的总线型结构。即采用一条总线将各个节点串接起来，不支持环形或星形网络。如果需要使用星形结构，就必须使用 485 中继器或者 485 集线器。每路 RS-485 总线一般最大支持 32 个节点。

2）抗干扰接地

由于 RS485 总线传送的是一对差分信号，RS485 网络上各设备之间的数据传输线最好采用外加屏蔽层的双绞线，屏蔽层应在一个点可靠接地。在现场应用中，如果现场干扰源非常复杂，各节点之间可能存在很高的共模电压。虽然 RS485 接口使用的是差分传输方式，具有抗共模干扰能力。但是当共模电压大于 +12V 或者小于 -9V 时，就超过了 RS485 接收器的极限接收电压，接收器将无法工作，甚至可能烧毁芯片和设备。此时必要时，应在 RS485 总线网络中使用 RS485 光隔离中继器，从而消除共模电压的影响。

RS485 信号线不可以和电源线一同走线。在实际施工当中，走线都是通过线管，施工方有的时候为了图方便，直接将 RS485 信号线和电源线绑在一起。强电强烈的电磁信号对弱电进行干扰，从而导致 RS485 信号不稳定，导致通信不稳定。

RS485 总线必须要接地。在很多技术文档中，都提到 RS485 总线必须要接地，但是没有说明如何接地。严格地说，RS485 总线必须要单点可靠接地。单点就是整个 RS485 总线上只能是有一个点接地，不能多点接地。接地的目的是使地线（一般都是屏蔽线作地线）上的电压保持一致，防止共模干扰，如果多点接地适得其反。可靠接地时整个 RS485 线路的地线必须要有良好的接触，以保证电压一致。在实际施工中，为了接线方便，有时将线剪成多段再连接。如果屏蔽线连接不良，从而使得地线分成了多段，电压不能保持一致，将导致共模干扰。

4. 设备协议格式

一套控制系统要首先要建立协议规则，包括：通信速率、数据位构成、通信方式、功能码和位状态等内容，见表 4.2-1 所列。

设备协议格式示例 表 4.2-1

通讯速率	9600bps
数据位构成	1 起始位,8 数据位,偶校验位,1 停止位
最大连接数量	254(1-254)
最大通信距离	500m
通信协议	Modbus RTU
功能代码	位操作:0x:可读可写,读位状态时发出的功能码为 01H,写位状态时发出的功能码为 05H; 字节操作:4x:可读可写,读数据时发出的功能码为 03H,写数据时发出的功能码为 06H

针对某一设备,如某房间面板,其具体的协议内容如表 4.2-2 所示。

房间面板协议内容 表 4.2-2

地址	名称	属性	说明
000	本机地址	R/W	默认 1;需要寄存器 004 地址数据为 0x55 时才可修改
001	出厂编号 1	R	
002	出厂编号 2	R	
003	出厂编号 3	R	
004	本机修改标志	R/W	修改后 5s 内自动恢复为 0,0x55 修改本机地址
005	开关机	R/W	0 关机,1 开机
006	本地、远程	R/W	0 本地,1 远程
007	童锁	R/W	0 解锁,1 锁定
008	冷热模式	R/W	0 制冷,1 制热
009	新风模式	R/W	0 新风关,1 新风开
010	工作状态	R/W	0 关闭,1 开
011	阀门输出状态	R/W	0 关闭,1 开启
012	风机挡位设定	R/W	0 关闭,1~5 对应 1~5 档
013	当前风机挡位	R	0 关闭,1~5 对应 1~5 档
014	房间温度	R	单位:0.1℃;范围(−300~999),故障时发送 10000
015	房间湿度	R	单位:0.1%;范围(0~999),故障时发送 10000
016	温度设定制冷	R/W	单位:0.1℃;范围(5~500)默认 26.0℃
017	温度设定制热	R/W	单位:0.1℃;范围(5~500)默认 20.0℃
018	温度回差	R/W	单位:0.1℃;范围(5~200)默认 2.0℃
019	温度校准	R/W	单位:0.1℃;范围(−50~50)默认 0.0℃
020	湿度校准	R/W	单位:0.1%;范围(−100~100)默认 0.0%

5. 控制设备分类

行业设备:带协议接口的热泵空调主机、空气处理机等。

这些设备的性能与同类设备一样,只是在控制板上有协议接口,如图 4.2-3 所示。通过这个接口可以与上位计算机进行通信,实现实时数据监测、控制和报警。

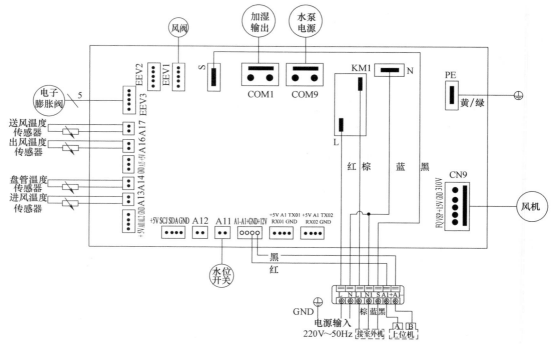

图 4.2-3 设备控制板接线图

控制设备：智能屏、房间面板、空气传感器、混水控制器、集中控制模块、智能电表等。

1）智能屏：智能屏是一个上位机，对系统中的所有设备和控制部件实施读取数据或控制操作。这是一台带安卓系统的计算机，7 寸屏的参数如下：800M 主频、512M 内存、2 路 485 接口、有线及无线网络接口。

智能屏（图 4.2-4）上安装软件，软件功能包括配置、运行模式、房间控制、设备运

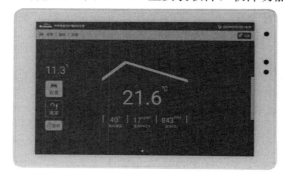

图 4.2-4 智能屏

行、参数设置、信息中心、用户服务等多项功能。与云平台相联后，可实现数据存储、远程软件升级和运维服务。智能屏可显示合作伙伴的 LOGO、文件、图形和背景颜色，这些是云平台服务的内容之一。

2）房间面板（图 4.2-5）：房间面板也称作"温控器"，这个面板是网络型的，因此具有更多的控制功能，除带温度探头外，还能同时控制风盘＋地暖，还能控制地冷，显示新风状态和湿度数值，能接收上位机和网络控制命令。

3）控制模块（图 4.2-6）：控制模块带开关输出、温度传感器输入及三线阀门控制输出、485 接口。可实现对阀门执行器、水泵、风机的直接控制和净化、除湿、加湿等干节点的关联控制。

4）空气质量质量传感器（图4.2-7）：含温度、湿度、PM2.5和CO_2传感器，高稳定性、适合24h连续运行。远离阳光照射和气流大的区域安装。

5）混水控制器（图4.2-8）：混水控制器控制混水泵站或混水中心中的混水阀执行器和水泵，根据执行器类型不同有浮点和模拟两种类型。带出水和回水温度探头。

图4.2-5 房间面板

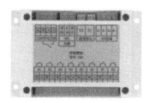

图4.2-6 控制模块

图4.2-7 空气质量传感器

图4.2-8 混水控制器

带协议设备、传感器、执行器、控制器被接入到这个控制系统上，实现数字化。但其前提条件是，这个设备要有协议接口，而且协议格式要符合软件给定的格式。在现有条件下，目前大部分暖通空调设备的通用协议是Modbus（485），在协议接口对接完成后，就可以实现网络内通信了。网络内的通信方式是半双工方式，也就是使用同一根传输线既接收又发送。虽然数据可以在两个方向上传送，但通信双方不能同时收发数据。Modbus协议由于信号传输有衰减和干扰，因此一般不能直接连接更多的设备和控制部件，每个系统的连接设备和控制部件总数不超过32个，使用面积在$1000m^2$以内。大系统可以分成多个部分，采用网络方式进行连接和通信，集中控制。

辅助设备：协议转换器、集线器、电源、控制箱等。

1）开关电源：开关电源，高精度避免谐波对控制系统中控制信号的干扰。

2）集线器：485集线器，可接入多路485信号，转成1路输出，便于现场接线。

在使用中需要给每个设备分配地址。设备挂在总线上，地址就是确定设备的方式。目前智能屏上位机上有2条通信总线，一条接室外，一条接室内。可以为不同设备分配地址范围。表4.2-3所列为某设备地址范围示例。

设备地址范围示例　　　　　　　　　　　　　　　　　　表4.2-3

安装	名称	最大数量	地址范围	说明
室外	空调主机	10	W1～10	目前1～3
	空气处理机	20	W41～60	目前41～45

续表

安装	名称	最大数量	地址范围	说明
室内	房间面板	50	1~30,65~84	目前1~30,缺省1
	空气质量传感器	10	31~40	缺省32
	控制模块	24	41~64	缺省64
	虚拟模块	1	85	配置风盘等
	空白	5	86~90	待补
	混水模块	9	91~99	缺省96
	全热新风机	11	100~110	缺省100
	双冷源新风除湿	10	111~120	缺省111
	冷水型新风除湿	10	121~130	缺省121
	电计量	5	131~135	缺省131
	空白		136~255	空置

通信总线的接线有规范要求。不按规范接线会出现信号干扰，导致无法正常通信，无法实现控制功能。下面是几种常见的通信线连接方式。

1）手拉手菊花型连接

无论选择什么样的线缆，尽可能采用总线架构，减少星形连接，分支线尽可能短，尽量采用菊花链的连接方式，即总线接到第一个结点，再跳到下一个结点。未接设备的分支线最好从总线上移除，否则易形成干扰。总线的最末端如果接收信号不佳，可加120Ω的电阻跨接在最末端设备信号线两端。中间设备不要加电阻，否则会加大线路损耗，减少设备数量和距离。

不同设备的RS485芯片通常会不同，有不同负载的类型的芯片，工程商通常无法直接判断。所以也就是说总线上不同设备的最大连接设备数不确定，同样的设备连接数参见设备说明要求就行。图4.2-9给出菊花型的方式连接图，一般每个回路最多接32个设备。

半双工两线制下，正接正，负接负。从机的发送线与主机的接收线对应。

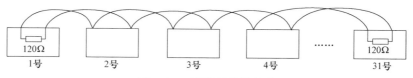

图4.2-9 手拉手接线方式

2）可接受的简化接法

随着传输距离的延长，RS485总线网络上会产生回波反射信号。如果RS485总线的传输距离超过100m，建议在RS485网络的开始端和结束端并接120Ω电阻。

图4.2-10为可接受的接线方法，但对支线的长度有限制性要求，下图中的 D 段长度不能超过7m。

图4.2-11为设备、控制设备、智能屏的连接方式，其中智能屏为计算机上位机，其内部包含智能控制软件。

对于现场不便使用手拉手安装或回路数量超过32个的控制系统，可使用集线器（HUB）布线，如图4.2-12所示。

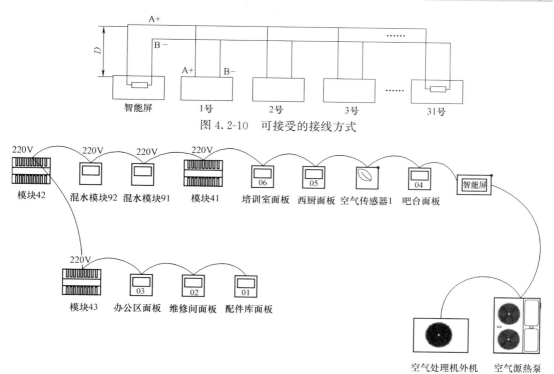

图 4.2-10 可接受的接线方式

图 4.2-11 系统接线示意图

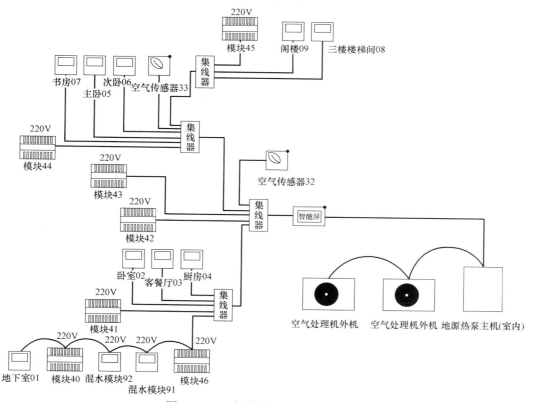

图 4.2-12 采用集线器的接线示意图

4.3 系统监控参数

智能两联供和辐射空调智能屏界面架构是相同的，分为 1 个主界面和 6 个子界面，图 4.3-1 所示为常用示例。

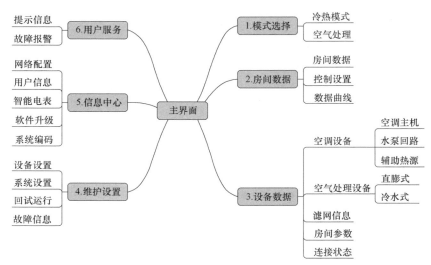

图 4.3-1 智能软件界面设计表

主界面主要显示内容包括：①基础信息：日期时间，网络连接标识，设备工作模式：制冷、除湿等；②室外数据（温度，可取室外机数据或从室外传感器获得）；③空气质量数据，温度/湿度/PM2.5/CO_2，不同传感器按标识切换；④在家/离家/定时模式：在家和离家状态可作为启动控制的触发点，如自来水阀开关；⑤提示信息，提醒查看提示信息和故障报警；⑥进入子菜单。

运行模式子菜单一般包括：①夏季；②冬季；③单通风；④制热除湿；⑤关闭系统；⑥手动（只是提示，不能从菜单进入，按其他模式时消失）。对应安装免费制冷模式的地源热泵系统，还有一个"免费制冷"，做这个选择时，除湿功能不变。

房间数据子菜单一般包括：①按泵回路做分项；②泵回路下面才是房间数据，在这里可以改变房间温度设定或改变状态（节能、锁定等）；③每个房间数据下面还有 24h 连续记录曲线。

按末端组合，某房间可能被列入到 2～3 个水泵回路，在这些回路中都能找到这个房间的界面。

设备数据子菜单一般包括：①空调主机（包括水泵回路），水泵回路数据包括水箱温度，每个回路的水泵开关状态。混水回路的各种参数；②空气处理设备（包括冷水型新风除湿机、协议全热新风机）；③滤网信息；④房间参数：该项主要查看末端配置及各末端当前的开关情况，可能在这里要打开/关闭地冷。但要避免重复显示；⑤连接状态：确定所有地址的连接情况；⑥运行状态：确定空调主机、空气处理机的状态等参数。

参数设置子菜单一般包括：①用户设置，对湿度、CO_2 和 PM2.5 等参数进行设置；②维护设置，包括 4 个分项：设备设置、回试运行、系统设置和报警纪录。

信息中心子菜单一般包括：①网络配置；②用户信息，此部分内容与云平台内容一致；③日期时间，进行网络对时；④亮度设定；⑤软件升级，要求做一个检查，目前已经是最新版本就不再升级；⑥控制配置。

用户服务子菜单一般包括：①提示信息；②故障报警。

4.4　控制软件

暖通空调的通常控制是采用 PLC 工业控制，而室内气候 L3 级、L4 级方案要求精准控制、控制迭代和不断优化模型算法，只有软件才能满足需求。下面是控制软件的一般介绍。

1. 智能控制系统构成

智能控制系统由智能屏（含软件）、房间面板（温控器）、混水控制器（调水温使用）、空气传感器、控制模块等组成，其技术性能见后面章节。智能控制系统采用有线连接方式，所有控制部件被连接到一个系统中。其中智能屏为上位机发出控制和查询指令，每个控制部件都有固定不冲突的地址，以便能与上位机保持通信联系。上位机执行控制程序，这个程序不断查询系统中的运行参数，通过逻辑关系和计算得到需要改变的控制参数，之后再发给被控设备，实现改变控制的操作。这个查询和命令发布的周期为 1～2s，因此可以实现精准的调节，保证系统处于良好的运行状态。

这个控制系统中，上位机是计算机，计算能力是有极大富裕的，其瓶颈是系统内的通信速度，特别是要注意不要出现外部和内部干扰，出现干扰后会使设备和控制部件丢失地址，会使信号失真，这样就无法实现正常的系统控制。

智能屏有网络连接功能，可与云平台实现数据对接，进行安装管理、软件升级、售后服务等工作。

接入网络的设备和控制部件都有自己的地址（地址范围 1～255），每个设备和控制部件的地址范围是规定好的，不能超范围，否则上位机就找不到了。在系统控制配置表中会给出每个设备和控制部件的具体地址，但设备和控制部件的出厂地址与设计地址可能不一致，这就需要对设备和控制部件的地址进行修改。

在智能屏中安装有控制程序，这个程序在导入系统控制配置表之前不能运行，导入配置表后，找到所有的地址配置后就可以正常使用的。这个系统控制配置是在云平台上实现的，如果在使用中需要增加设备或增加功能，只要在云平台上做修改再下载到智能屏中就可以了，非常方便。智能屏上有连接方式的显示页面，可以显示所有设备和控制部件是否都联系上了，如果没有要检查接线或配置表。

2. 智能控制逻辑及算法

智能暖通空调系统中的"控制逻辑"是指不同设备和控制部件之间的相互关联，一旦一个设备的运行状态或数值发生改变，影响另外设备和部件的随后改变。算法则是指一些控制参数如混水温度与哪些因素有关，通过什么样的数学关系算出相关影响变量变化后的参数变化值。

许多控制逻辑中，要考虑不同使用者有不同选择，这就是"参数配置"，其中有状态方面的配置，如离家模式室内末端是关还是处于节能温度；也有数值方面的配置，如最低辐射供冷温度设定多少摄氏度。

随着用户数量的增加还会有新的控制要求出现，这些都需要清晰的逻辑和算法来实现。

在实际设计中，比较简单的两联供系统一般采用联动控制设计；有特殊要求的系统采用自动控制设计；而复杂的系统宜采用计算机软件（智能）控制设计。

3. 水力系统基本逻辑

水力系统设计，一般要考虑以下基本因素：

热泵主机开关机应采用联动方式，如果是手动，应在界面设置提示。

热泵主机制冷/制热模式转换方式，一般是手动在控制面板上设置。

房间温控器制冷/制热模式设定，一般是手动设置，与主机同一状态。

启动地暖和风盘供暖的转换方式，是两个面板还是二合一面板？

在制冷时，如何确保地面盘管不因控制失误进入冷水？手动选择还是自动控制？

二次系统的联动首先要明确房间、末端、回路之间的关系。回路又分为直通回路和混水回路，直通回路只有单一泵，混水回路除了泵之外还有混水阀、执行器和混水控制器。

回路＝（直通、混水）

回路＝（地板盘管、风机盘管、混合式）

回路＝（多个房间面板联动接线方式）

主机＝（回路1、回路2……回路n）

举例：二次系统共有4个回路，其中3个是直通回路（1～3），一个是混水回路（a1）。直通回路1接5个风机盘管，使用5个风盘房间温控器；直通回路2接6路地板盘管，使用6个地暖房间温控器；直通回路3接3个风机盘管和3个地板盘管，使用3个二合一房间温控器。一个混水回路接3个地板盘管，供地板供冷使用，使用3个地板供冷房间面板。

接线：回路1的5个房间面板的联动接到直通回路的水泵1上；回路2的6个房间面板的联动接到直通回路的水泵2上；回路3的3个房间面板的联动接到直通回路的水泵3上；回路4的3个房间面板的联动控制接点接到混水控制器的联动，这个接线控制水泵4运行。

把回路1～4的4个水泵开关当作二级联动信号，联动输出给热泵主机，当4个水泵都停止工作时，热泵主机也停止工作。

4. 二次系统控制设计

1）回路分类，确定系统中共有几个直通回路，几个混水回路；

2）每个回路建立一组联动控制关系，控制相应的水泵运行；

3）多个回路再建立二级联动控制关系，控制热泵主机运行；

4）设计热泵主机面板、房间面板的模式转变设定步骤；

5）设计相应措施，避免发生制冷低温冷水（未经过混水）进入地板盘管的情况。

5. 整体控制设计概要

1）工作原理

智能屏作为上位机，每隔1～2s运行一次程序，扫描各种状态数据库，进行规则计算，将改变的数据写入相应数据库。当空调主机、新风主机、房间面板、空气传感器、集中控制模块中的状态参数改变后，其产品主板会自动根据新参数进行相关操作运行。有些参数变化随时更新，有些需要时间缓冲（送水温度、送风温度）。

对验收过程的试运行（空调主机水泵运行、主机试运行、验收运行；新风主机的风机运行、主机试运行、验收运行等）也要作相应处理。

改变运行的同时，还要读取报警信息。对离家、一键关机、一键开机、严重报警停机、化霜、防冻等要进行相应处理。

使用过程中，有些参数是需要改变的，如：各房间面板中的温度设定（面板、屏）、智能屏中的湿度设定、CO_2设定、PM2.5设定。供水/送风温度的自动或手动设定。春秋季的相关数值等需要划入不同层级，使用密码管理。此外还有空调、新风主机的设置参数分类管理。

使用过程中，用户与智能屏之间的交互是以云平台为基础的，需要与云平台一起进行规划设计。

控制屏软件可以远程网络升级，这个升级自下而上实现。

2）数字方案配置表

系统配置的原则可以从下到上，也可以从上到下。每个房间（区域）的末端是下，每个智能屏是上。以水力系统的水力连接方式结合逻辑关系，以智能连接实现整体控制。

复杂条件下系统布线需要 RS485 集线器实现，其网络布线特点见相关接线技术文件。

目前每个智能屏可控制一套水力系统，未来有可能控制多套水力系统，因此在地址编码上要留有足够余地。485 协议地址范围为 0～255，配置从 1 开始，目前已经确定 141 之前的地址。智能屏有 2 个 485 回路，目前 1 个为室外机，一个为室内部分。未来有可能通过转换器把两部分整合在一起，把另一路留给智能家居或其他应用。

控制配置表在完成设计后被写到云平台，再由云平台下发到智能屏，之后智能屏软件根据配置表进行相应的验收测试、逻辑控制等工作。

与控制配置表同时完成的还有控制接线图、控制模块接线表，这些图表是指导现场安装配置的重要文件。

3）地址验证

控制配置表由云平台导入智能屏后，进行验证，按地址寻找每个设备和控制部件。控制配置表上的部件地址没连接上，智能屏应给出提示，人为选择是否可进入下一步。

4）非协议空调主机（内机空调）

系统应尽量使用协议空调主机，非协议主机不能使用软件控制。非协议主机采用远程无源控制接口开关主机，改变主机的运行模式（制冷/制热），并监测水箱（或水管路）的温度，以此推测主机运行状态。

水箱温度参数显示在水力回路界面。所有水箱（一次和二次）都将带温度探头，显示水箱温度。一次无水箱系统将使用回水温度作为替代。这个温度要显示在智能屏上，也要据此来监控锅炉和无主机系统的冷热源运行情况，如图 4.4-1 所示。

在智能屏界面"设备数据-空调主机"中，增加水箱温度这个数值，无论是一次系统或二次系统。一次无水箱系统，这个值取协议空调主机中的回水温度。

在空调主机有协议的情况下，控制逻辑如下：空调主机有设定温度（回水），当实际

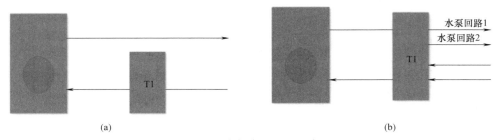

图 4.4-1　水箱水温监测示意图

（a）一次系统的示意图；（b）二次系统的示意图

回水温度达到设定温度时，压缩机就会停止运行，处于待机模式。此时有水温回差，制冷时回差是负（保证实际温度低于设定温度），制热时回差是正，这两种回差在设置菜单中。一种末端只能属于某个水力回路，其末端开停情况决定了水力回路的水泵开启情况。对一次系统而言，是有一个水力回路的，这个水力回路就是空调主机中的水泵。在一个系统中如所有水力回路的水泵都处于关闭状态（表示所有末端都关闭了），则空调主机就被关闭。反之，当有一个末端被打开时，就会有一个水力回路打开，也就会带动空调主机的打开。

对应旁通混水来讲，回路中的末端打开则本回路的水泵打开，之后也会打开旁通所接的主水力回路的水泵。旁通混水一定要与主水力回路关联。

非协议空调主机应配有就地控制面板，可在此面板操作改变主机设置或开关。非协议主机有三种情况：①带远程开关、制冷/制热转换；②只带远程开关；③不带远程开关。对于后 2 种情况需要人工辅助同步智能屏和就地控制面板。系统中应安装温度探头（水箱温度），用此探头监测主机是否运行，运行模式（冷热）是否正确，如果不正确将在屏幕上发布提示信息。

5）辅助热源（锅炉）

一次系统中可以有旁通混水，也就是混水接到回水主管上。此时，混水泵开关（从混水控制器取信号）也算一个房间面板终端。开就是"ON"，参与逻辑计算。旁通混水的出水温度按相关公式计算，由该旁通水回路涉及的所有房间面板参与计算。扣除节能房间和相关值不合适的房间。

二次系统中有直通水力回路和混水水力回路，直通水力回路还可接旁通混水回路。每个回路都会在控制配置表中予以标注。二次水力回路旁通混水同一次系统一样处理。

"水箱温度"的参数是系统的指示温度。只要有水箱就有水温传感器监测这个温度。一次无水箱系统采用空调主机回水温度替代。对应直通水力回路，这个温度相当于"供水温度"。

对应混水回路和旁混回路，相应的参数在混水模块协议获取，有供水温度、回水温度、水泵开关状态等。对应直通回路，相应参数有供水温度（水箱温度）、水泵开关机状态。每个水力回路（含一次系统）中水泵关闭条件是所有对应末端为关闭状态，对一次系统而言关水泵就是关闭空调主机。

设计中锅炉供热是一种辅助方式，因此锅炉供热时也应保持空调主机处于开机（包括待机）状态。锅炉开启由外接干节点信号实现。在联合供热的情况下，空调可以拆除其中的电加热部分，或者切断其接线。

锅炉启动条件（要求全部满足）：

1）室内房间面板未处于全关闭状态；

2）室外温度≤辅助热源设定温度（在系统设置中获取）；

3）水箱温度≤设定温度（D2）－温度范围（F9）（空调启动温度低2℃）。

锅炉关闭的条件（要求任一满足）：

1）水箱温度≥设定温度；

2）系统关闭（或所有房间面板关闭状态）；

3）锅炉开启时间超过3min。

6. 工作模式

智能屏模式选择界面有6种状态：夏季（制冷＋除湿）、冬季（制热＋加湿/加热）、制热除湿、单通风、手动、关闭。其中手动是自动选择空调主机与空气处理机的状态，只在维护设置中打开，选择其他模式时会自动取消。关闭则是关闭全部系统，但关闭系统后，仍会采集环境和设备数据，只是采样时间延长了。

系统以空调和空气处理机模式的组合为依据分类，并在此基础上进行软件算法控制。四恒系统中空调主机模式包括：制冷、无源、制热（房间面板相同）；空气处理机模式为加湿（无加湿时只有加热）、纯通风、除湿。两个模式组合形成图4.4-2的9种组合（图中温度湿度数字为示范，以设置值为准）。

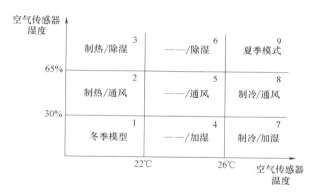

图4.4-2 不同温度、湿度组合状态

其中1象限、5象限和9象限为主屏软件上现有的模式（冬季、单通风、夏季），其中冬季模式为制热加湿（无加湿系统为加热）、夏季模式为制冷除湿。3象限为"制热/除湿"，5象限、6象限包括在单通风模式内。4象限、7象限极少会出现，因此不做模式对应。2象限可以包含在冬季和制热除湿模式范围内（湿度满足要求的情况）。8象限可以包含在夏季模式内（湿度满足要求的情况）。

7. 房间面板

房间面板含温湿度探头。需要由此计算露点温度，因此有较高的温湿度精度要求。房间面板由外接直流电源供电。

房间面板除485协议信号外，还输出0～10V调速信号和开关（电流很小），就地接线控制直流无刷风机盘管。目前可以与水牛直流风盘直接对接。直流风盘的水阀信号是220V的，则需要配一个风盘转换器来实现。如控制交流三速风盘，则需要配置风盘转换器实现。

根据房间面板的冷热模式、设定温度与实测温度，可以得到开关状态（ON/OFF），再根据末端类型，可以给出不同末端的控制状态（顶辐射、地辐射、顶风盘、地风盘），并由此来控制水力回路的水泵状态。制冷时根据房间面板的温度和湿度，能算出混水模块的供水温度，或整个水箱的控制温度。

房间面板有三种模式（制冷、无源、制热），并有相应显示（不显示为无源模式），根据模式状态进行判断，给出阀门输出信号"ON"。房间面板可设置成辐射或风盘（末端混合型为风盘模式）。在无源模式下，可手动开启风机。在其他模式下，只有风阀处于"ON"时才可手动改变风速。进入无源条件时，节能模式取消，此时在面板不能设定成节能模式，智能屏程序也要给房间面板发命令，改成正常模式。

房间面板的温度是可以设定的，制冷：22～28℃，制热：18～26℃。节能模式出厂设置：制热18℃，制冷28℃，这个值可以修改设置。

目前秘密菜单中，温度回差范围为0.2～2℃，建议辐射设定为0.3℃，风盘设定为0.6℃。

制冷/制热模式只能在智能屏上设定（夏季、冬季、制热除湿）

房间温度可在房间面板设定，也可在智能屏、微信公众号中进行修改设定。

节能模式只能在房间面板设置和取消。

风机盘管速度只能在房间面板修改。

系统关闭后所有面板显示"OFF"，长按"开关"键可打开房间面板，也打开主机系统，恢复到关系统之前的运行模式。

系统关机和待机不同。而当达到设定水温时，压缩机是处于"待机"状态。开机/关机可由智能屏发出命令，待机是空调主机自己得到的结果，智能屏不能改变。

8. 环境数据参数设定

环境参数由空气质量传感器获取，数据包括：温度、湿度、PM2.5和CO_2。系统中会有多个传感器，显示不同传感器时需要同时显示其地址，以示区别。

参数可以由用户进行设定，根据设定值控制空气处理机运行。可设置的参数包括：加湿湿度（当有加湿器，且加湿处于开时可设。30%～40%）、除湿湿度（40%～60%）、PM2.5设置（10～75$\mu g/m^3$）、CO_2低限（450～800ppm）、CO_2高限（850～1500ppm）、露点温度低限（11～15℃）、露点温度高限（16～20℃）等。

其中露点温度低限和高限是为了评估实际使用效果。远程服务授权是用户授权给经销商远程（PC端界面）进行该用户模式设定、房间温度和环境参数修改操作的权限。

环境参数设定值，也可以作为函数变量，给出联动控制信号，控制其他功能。如超过PM2.5设定值，输出一个开关信号打开净化机。

9. 在家/离家/定时

在家时房间面板可选择两种模式，一个是正常，另一个是节能。无源模式时没有节能模式。节能模式是指设定温度是一个低值（制热）或高值（制冷）以达到使用节能。离家模式是把所有房间面板都设置为节能的一种情况。解除离家模式时，所有面板恢复成之前的状态，原来处于节能模式的仍是节能模式。每个面板的节能设置温度是在就地设置，不能在屏上设置。

定时就是确定在家和离家的时间长度。对于日常使用而言，在转换时要考虑留有一定的预热（或预冷）时间，尤其是全辐射系统。如冬季，8点上班，可能需要在3～4点就打开机组运行。

在家模式下，空气处理机始终处于运转状态。在离家模式时，风机变为低速运行。

离家模式时，有可能会出现湿度报警的情况，此时需要做相应的处理。

10. 变水温控制

目前智能屏软件设定空调主机水温为回水温度，若今后有供水温度控制设备，相关内容要做一些调整。

空调控制水温如果从空调机协议取值则为回水水温，一次系统以这个温度为准。做辐射系统控制时，制冷时，回水温度≈供水温度＋2℃；制热时，回水温度≈供水温度－5℃。如果一个回路（低水温）都是风机盘管，则回水温度与供水温度约差5℃（制冷时高，制热时低）。二次系统取水箱水温为供水温度；混水和旁混也使用供水温度为准。智能屏计算时，空调主机以回水温度为准，如取样值为供水温度应该做相应调整。而混水和旁混则以供水温度作为设定值。控制计算水温初始值为：制热35℃，制冷18℃，均为回水温度。固定水温的设定值在"设备设置-空调设置"中确定。

手动操作的水温，另外自行设定。

对协议型主机，需要计算空调主机水温设定值；而对混水水力回路需要计算该回路的水温设定值。因此，一次系统的空调主机以房间末端的计算直接得到计算水温，按此进行控制。而二次系统则需要先对每个水力回路进行水温计算，之后再提出对空调控制水温的要求。

每个水力回路的水温控制要求是不一致的，如制冷：①全部湿风盘，回水温度12～16℃；②双冷源新风除湿，回水温度12～16℃；③天花冷辐射，送水温度10～18℃；④地板冷辐射，送水温度15～20℃；如制热：①风盘和双冷源，回水温度30～45℃；②天花热辐射，送水温度35～50℃；③地板热辐射，送水温度35～45℃。

有地冷配置时，有2种地冷类型要区分。一种是辐射地冷，采用与辐射板同样的水温，因此需要减少使用时间，只在房间温度较高时开启（比如：高于设定温度1℃时）。另一种是自带混水部件的地冷，可以通过增高水温减少单位供冷量，延长使用时间。

地板供冷是辅助供冷，由系统配置决定，可在智能屏系统"房间数据"界面中增加设置开关。可关闭该房间的地板供冷。混水时，混水泵站的水泵开关由该水力回路的所有房间面板（非地冷设置房间不参与计算）的开关逻辑确定。

混水温度与房间露点温度（房间面板有温湿度，按温湿度计算露点温度；房间面板没有温湿度，按空气传感器的露点温度）有关，加上调整温度，再与露点温度比较做最后确定。

每个房间保持湿度报警设置，如只有空气传感器则联动设置（每个房间设置相同）。报警后，关闭该房间的地板供冷。

如果水力回路中有不带地冷的顶风盘、地暖、地风盘的末端配置，其不纳入混水地冷供水计算温度的房间范围内。

供热回水计算温度：

综合温度＝(室内温度－室外温度)＋2×(面板设定温度－面板实测温度)$_{最大值}$

以上公式中，后面括号内，不含节能房间，不含这个值是负值的房间。如果室外温度异常（高于室内，或低于-40℃），则综合温度直接取30℃。

供热供水计算温度是综合温度的函数，也就是说公式中的第一项是室外温度（气候）补偿，而后面则是室内温度补偿。

供冷控制水温有三种：空调主机水温；辐射控制水温；地冷控制水温。

空调主机供冷水温：

对一次系统（水力配置号0，1），空调主机供水水温等于辐射控制水温。

对二次系统（水力配置号3），空调主机供水水温等于辐射控制水温。

对于二次系统（水力配置号4，5，6），空调主机水温设置为12℃（按固定水温）。

供冷辐射控制水温：

考虑最不利（面板开启）温度，以及设定温度与实际温度的最大差距来改变供水温度，同时用露点温度做限制。相关公式得到的计算温度还要与最低供水温度和露点温度进行比较，最后得到实际控制温度。

11. 地冷控制

考虑到人的冷感受，房间地冷可以在房间页面中手动选择"打开/关闭"。

有两种地冷方式。方式1是供水与顶面辐射相同，其水温控制由顶面辐射末端确定，但地冷阀门的开关由下列原则确定。

在回路中，地冷阀门的启动和关闭，除了房间设定温度外，还有另外的控制，其控制原则是，要比其他末端提前关闭，以避免产生问题。

带地板供冷的房间，需要探测露点温度值。这个值可以来自空气传感器。

有地冷的房间，房间温度控制时，地冷应该在房间设定温度+（地冷启动房间温差）达到时关闭。如房间设定温度为25℃，地冷启动温差为1℃（这个值在系统设置中确定），地冷停止的温度为26℃，其回差为+0.5℃，则地冷启动的房间温度为：26.0~26.5℃，也就是说当房间温度低于26℃时关，高于26.5℃时开。而同时，假设末端中同时有风盘，则风盘的开停温度是25.0~25.5℃。

地冷启动调节温差范围：0~3℃，间隔0.5℃。

在室内湿度大于报警湿度时停止地板供冷。

方式2是使用混水装置（混水泵站或混水中心）对水温单独进行控制，其所在水力回路的房间面板数据参与计算。但不包含处于节能状态的房间。

这种系统的特点是地冷是一个独立的水力回路，因此可以单独计算供水温度进行供冷。在这种情况下，采用较高的供水温度以避免地面出现问题。

在辐射供冷中，需要设定3个参数：辐射供水调整温度0℃（-5，+2）；地冷供冷最低水温（15~20℃），地冷供冷调整温度2℃（-4，2）。

12. 空气处理机

直膨式与冷水型空气处理机在原理上类似，控制参数也类似，但运行有一定的差别。在辐射系统中应尽量使用直膨式机组，除非安装受限才使用冷水型机组。冷水型机组的供水要安装在某个水力回路上，加入该水力回路的逻辑控制。冷水型新风除湿机的除湿能力与供水温度密切相关，因此不能保证稳定的深度除湿，效果不如直膨式机组。

直膨式空气处理机压缩机模式为制冷、制热、不工作。而机器的功能包括：除湿、加湿和通风。运行功能中包含几部分：①风阀及风机转速，当 CO_2 低于低限时，风阀关闭；当高于低限低于高限时，处于低速；当 CO_2 高于高限时，处于高速。②制冷：当实测湿度高于设定湿度时，处于制冷（实际效果为除湿）状态，按设置出风温度机器自动调整压缩机频率。③制热：当回风温度低于 15℃ 时，处于制热（送风温度设为 25℃，一般不调）。④加湿：加湿是制热加上给加湿器一个干接点输出信号。当手动关闭加湿（系统设置菜单中）时，不再显示加湿图标，此时模式与制热相同。

风机的转速可以通过修改调速设定电压的方式调整。高低速有几个设置转速，用于监测管道和滤网的阻力，进行分析判断，见后面介绍。

影响空气处理机开关机的参数包括：湿度是否达到（加湿和除湿条件）。CO_2 浓度是否低于低限。PM2.5 是否低于设定值。

在家模式，完全达到三个条件，处于低速风运行状态（单通风模式、新风阀关闭、加湿关闭）。在离家模式，完全达到三个条件，处于关机模式。当不满足任何一个条件时，开机。

空气处理机除湿、加湿、加热、通风模式中的控制输出。

除湿模式下，当达到湿度条件（实际湿度低于设定湿度），关闭压缩机（不关机器）。当达到回差条件时，开启压缩机。

加湿条件下，当达到湿度条件（实际湿度高于设定湿度），加湿输出（本次实验同时打开电加热）打开。当达到回差条件时，关闭加湿输出。

当 CO_2 浓度高于高限时，风机转速调节为高速。当 CO_2 浓度低于低限时，关闭风阀，是否关空气处理机根据前面在家和离家模式。当 CO_2 处于高低限之间时，风机转速调节为低速。

双冷源新风机增加一个低温防冻报警及保护措施，避免冬季把预冷段冻坏。

13. 防结露控制及报警

房间湿度报警分为两种情况。冬季：特别是系统关闭时，室内温度很低，有可能出现湿度报警（如超过 70%）的情况，此时可以打开空调制热（水温设置 35℃）和该房间的电热执行器，提高房间温度，直到比报警湿度低 5%（小于 65%）时关闭电热执行器，而所有房间都不报警后，停止制热（与室内防冻类似）；夏季：由于空气处理机问题或开窗出现的湿度超过报警的情况。此时应该提高供水温度至 24℃（计算水温控制中断），打开该水力回路中的所有顶辐射阀门，同时关闭地冷阀门（已经在本节"11. 地冷控制"中介绍）。这些措施可以尽快提高辐射表面温度，降低结露风险。房间出现高湿会影响系统正常运行。

防结露处理措施与在家/离家模式没有关系。

14. 滤网监测

滤网监测的参数有 2 个，运行时间（h）在更换完滤网（清零）后开始计时；运行转速值仅供参考。

一般以连续使用 3 个月（2200h）作为更换滤网的强制时间。超过 2000h 后，每 50h 提示一次。提示时，要给出空气处理设备地址。

风机运行时间每增加 100h，应将滤网运行时间上传至云平台，进行连续记录。更换智能屏时，数据要下载至智能屏。

15. 防冻和化霜

空调主机在冬季不能断电，因为可能会发生冻结的情况。一次系统和二次系统的化霜和防冻模式有一些差别，下面内容针对一次系统，多设备和多回路系统见后面介绍。

在冬季模式（空调制热）下，会有除霜情况发生。当出现该情况时，要把所有集中控制器上的回路全部打开。直到该信号消失后，再读取各面板上的"开/关"信号，根据此信号给集中控制器回路输出开关信号。

防冻是在系统关闭情况下出现。室外防冻信号在"主机状态"中第3项，室外防冻是由空调主机先发出信号，由屏读到后，转成制热模式，打开空调主机及所有集中控制器上的回路，直到防冻信号消失，关闭主机，关闭集中控制器各回路（每隔1min关闭一个）。

室内防冻是指保证室内各房间温度不低于5℃，只要有一个房间低于5℃，则切换到制热模式，打开空调主机，打开集中控制器各回路，直到所有房间面板实测温度都高于8℃，再逐个关闭集中控制器各回路（每隔1min关闭一个）。水箱温度可以看成是一个房间温度，当水箱温度低于10℃时，采取同样的策略，直到升高到12℃以上。此时水箱加热时无需打开任何二次水泵。

16. 提示信息

提示内容主要包括会影响用户正常使用的系统信息，包括：

- 开始进入保修时间；保修时间到期；
- 有设备找不到（地址找不到）；
- 室内空气传感器故障（需设定范围）；
- 用户打开、关闭系统，及系统模式转换的记录；
- 空调主机和空气处理机停机故障；
- 夏季模式时，个别房间出现湿度报警；
- 系统关闭条件下的防冻（室外、室内）启动；
- 空气处理机滤网阻力超过预设值报警，2级；
- 滤网更换清零记录；
- 压缩机每增加4000h，风机每增加2000h报告；
- PM2.5超过均值时报警；
- CO_2超过均值时报警。

17. 报警信息

协议空调主机、新风除湿机故障报警（设备自身定义）、设备通信中断、传感器数据超过范围、环境参数过载等作为严重的问题被记录在报警信息中。开关型设备没有连接报警信号，智能两联供有些设备也没有报警功能。发生故障报警时，相关设备要做对应处理。

房间面板和空气传感器故障的对应：

- 当房间面板温度输出报故障时，取消对该面板"开/关"信号的处理。
- 当空气传感器输出湿度报故障时，停止空气处理机中加湿和除湿模式运行。当CO_2报故障时，风机转速变为低速。

通信连接状况：

鉴于在实际中发现有室内通信出现故障的问题，有必要增加一个页面来显示当前的通信情况（出现问题，房间面板显示可以消失表示示警）。建议这个页面在二级菜单"设备数据"下，名称为"连接状态"。

通信中断处理：

实践中发现，当切断空气处理机电源时其地址丢失，系统会同时关闭房间面板（通信显示消失）、空调主机。这个处理不妥当，这种情况空调水系统应该可以继续运行（水系统＝空调主机＋房间面板＋屏；空气系统＝空气处理机＋空气传感器＋屏）。在制热情况下无须修改参数，而在制冷情况下，将供水温度设为固定温度即可。

智能控制的内容还有很多，其实质是软件编程，而且软件可以通过云平台进行升级服务，因此智能控制可以不断改进控制精度和控制范围，不断进步。采用智能控制，可以简化整个控制部分的部署提高工作效率。

4.5 云平台服务

智能暖通空调平台建立在互联网云服务器上，也简称为"云平台"。云平台服务的含义是，云平台为应用的开发提供云端的服务，让集成服务商在云平台配置系统编码表，对用户进行运维服务、数据分析等。使得集成服务商可以大大降低设计和服务的成本，并可获得软件升级、数据分析等赋能。

1. 云平台的作用

设备与设备根据通信协议连接，连接后可获取各个设备的数据和信息（报警等）。而人与设备则是通过交互设备连接，如手机、主控屏。设备可以将数据、报警信号等发给人，人可以通过按键进行信息处理。人与人的连接则是信息连接，通过信息共享、信息传递等实现。

设备与设备、设备与人的连接主要在主控屏和手机上实现，而人与人之间的联系则由云管理服务平台来实现。

云管理服务平台汇集有流程管理、质量管理、物流管理、财务管理等各种信息，可以对这些信息进行处理，实现流程管理、质量管理、物流管理和财务管理的目的。

数据的存储、处理和交流：主控屏会产生大量的环境、设备数据，这些数据需要存储起来以备今后使用。这些数据被上传到云平台进行存储和处理，也可与第三方进行交流，实现数据的价值。

工程质量和用户服务的改善：目前工程质量和用户服务水平低下，主要原因是管理人员缺乏与现场工作人员充分交流的工具。云管理服务平台的出现可以解决这个问题。

2. 云平台的原则

信息透明、信息对称：平台数字化运行，每个数据和信息都是在实际环境中产生和采集的，直接传递到云平台。平台的目标之一就是把信息和数据透明化，以解决传统行业中存在的信息堵塞、信息传递失真的问题，因此在平台的设计上信息透明、信息对称是最基本的原则。

全周期接入与增值服务：在行业流程中，单独部分工作的优劣要在之后的过程中才看得出。比如说系统设计水平高低要在使用后才能发现。安装质量隐患也是这样，要到出现问题才能发现。实践中发现的问题是：系统购买成本很低但使用成本却很高。不从全周期进行评判是无法解决这个问题的，只有从全周期的角度去分析、解决问题才能最大限度地增加用户价值。

海量用户：用户数量的增加，对经营者是一个很大的考验。只有使用云平台才能保证与用户、其他相关方（设备厂家、设计、安装等）在信息方面的无缝连接，同时为海量用户服务而不降低服务水准。

平台对接：未来每个行业都会有自己的平台，通过平台做对接要比使用人员做对接效率高得多，还可形成协同效应，通过对接增加效益。

3. 云平台的价值

规模效益：指经营者经营规模达到一定程度而使生产、管理成本下降，从而利润增加的现象。讨论它的目的在于：尽管产品价格下降，但某些优势公司可以通过规模效应降低成本，增加供给量，扩大市场份额。云平台的研发成本很高，前期规模小，经济效益不好，但随着市场规模的增加会降低运行成本产生规模效应，增强自身竞争力。

网络价值：网络的价值与网络规模的平方成正比。具体表现是网络价值与网络节点数的平方、与联网用户的数量的平方成正比。

随着上网用户数量的增加，云平台的价值也在提高，能给用户带来的价值也随之增加。

4. 云平台示例

不同的云平台的设计目标是不同的，以科希家室内环境云平台为例作介绍。这个平台是一个针对室内环境业务管理和用户服务，在云端部署实施的平台。该平台采用 PC 端接口，向管理员、品牌商和经销商开放。平台的目的是实现项目全生命周期的信息和数据管理，实现信息对称、提高业务工作效率，一次采集数据供相关人员共同使用，其权限由管理员确定。

品牌商是指采用自有品牌独立运营的单位，比如科希家智能四恒；经销商是指品牌商之下独立销售的单位。一个品牌商给多个经销商开户，而一个经销商也销售多个品牌商的产品，但经营不同品牌商产品应使用不同的账号。

该平台目前有两个应用：智能四恒、二联供，未来还会开发出更多的应用。每个应用对应不同的室内环境系统，并对应不同的智能屏软件和控制配置表。而品牌商挂在不同应用之下，如迪莫普斯是二联供品牌商。

管理员有添加品牌商的权限；品牌商有添加经销商和安装队长（公用）的权限；经销商有添加安装队长的权限。

目前平台的主要功能有：账户管理（应用、品牌商、经销商、安装队长）、软件版本管理、公众号管理、客户管理、合同配置、派工单、消息管理和项目（合同）管理等内容，未来还会根据市场需求开发更多的内容。图 4.5-1 为该云平台的入口界面，其中入口一、二、三分别为管理员、品牌商和经销商。

经销商在云平台上所做的具体工作如图 4.5-2 所示，包括：①填写合同和用户信息；②进行系统配置（系统组合编码表、房间组合编码表）；③工单管理，生成施工码激活现场智能屏；④运维管理，包括查看设备、系统和环境数据、查看日志和创建各种关联（如经销商微信公众号、智能屏的个性图片等）。在管理员和品牌商层面也有自己的业务内容。

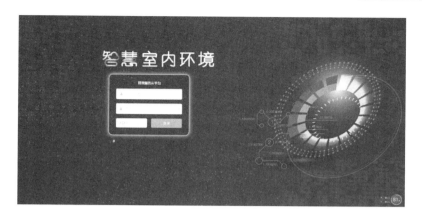

图 4.5-1　某云平台入口界面

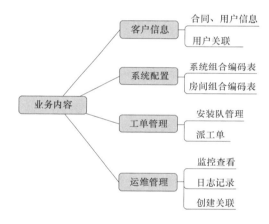

图 4.5-2　经销商云平台业务内容

　　借助云平台，各级管理人员的工作变得高效。随着用户体验要求的提高，控制软件也在不断升级，升级可以通过云平台上的程序实现。有了云平台，可以实现全周期的各种现场设备管理和用户服务。

4.6　数字孪生应用

　　数字孪生是指针对物理世界中的物体，通过数字化的手段，在数字世界构建一个对应的虚拟体，借此来实现对物理实体的了解、分析和优化。数字孪生集成了人工智能和机器学习等技术，将数据算法和决策分析结合在一起，建立模拟及物理对象的虚拟映射，在问题发生之前发出警报并予以处理。监控物理对象在虚拟模型中的变化，基于人工智能的多维数据复杂处理与异常分析进行诊断，合理有效地规划或对相关设备进行维护。

　　数字孪生越来越被各大厂商重视，并作为一种服务企业的解决方案和手段潜力巨大：

1）模拟监控诊断，预测和控制产品在现实环境中的形成过程和行为；

2）从根本上推进产品全生命周期，高效协同并驱动持续创新；

3）建立数字化产品全生命周期档案为全过程追溯和持续改进研发奠定数据基础；

4）利用数字孪生技术任何制造商都可以在数据驱动的虚拟环境中进行创建、测试和验证，创造价值趋向无限。这种能力将成为其未来的核心竞争力。

数字孪生技术与用了几十年的基于经验的传统设计和制造理念相去甚远。数字孪生技术使设计人员得以不通过开发实际的物理原型来验证设计理念；不用通过复杂的实验来验证产品的可靠性；不需要进行小批量试制就可以直接预测生产瓶颈；甚至不需要去现场，就可以洞悉产品运行情况。数字孪生技术契合科技发展的方向，无疑将贯穿产品的生命周期，不仅可以加速产品的开发过程、提高开发和生产的有效性和经济性，更能有效地了解产品的使用情况，帮助客户避免故障损失，精准地将客户的真实使用情况反馈到设计端，实现产品的有效改进。

室内环境和暖通空调也有数字孪生在应用层面应用的例子。集成服务商将暖通空调、空气质量、安防灯光等功能集成在一起，以获取新的决策，优化工作流程并远程监控。数字孪生可用于控制房间的环境条件，从而提升用户体验。通过优化系统和管理人员，运营商可以使用数据服务来降低运营成本及后期维护成本，提高设备利用率的同时提高资产整体价值，降低运营成本。

数字孪生的过程就是将实体系统就行数字转换，变为数字模型，由设备和系统传感器给出实时数据，由算法计算出下一步的控制指令，再与实时数据比较，对算法进行修正调整。不断优化以实现最佳效果。

室内气候技术中采用数字孪生，其基本步骤如图4.6-1所示：①有应用软件（算法）；②有实体系统转换的数字模型；③实体设备通过接口受软件控制；④传感器把数据传递给软件；⑤人机界面做人机交互，了解系统运行并给出控制要求；⑥软件的功能和算法可以迭代升级。

在第5章中将会结合实体系统案例介绍数字孪生技术应用的整个过程。

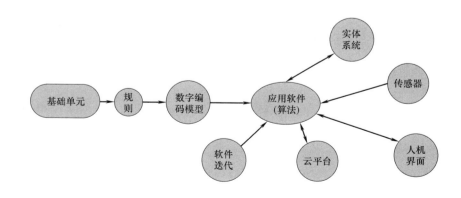

图 4.6-1　室内气候数字孪生原理图

本章参考文献

［1］ 陈根. 数字孪生［M］. 北京：电子工业出版社，2020.

［2］ Shengwei Wang. 智能建筑与楼宇自动化［M］. 王盛卫，徐正元译. 北京：中国建筑工业出版社，2009.

［3］ 许晓刚，王仲晏. 物联网商业设计与案例［M］. 北京：人民邮电出版社，2017.

［4］ ［日］三木良雄. 物联网应用路线图［M］. 朱悦玮译. 广州：广东人民出版社，2018.

［5］ 刘士荣等. 计算机控制系统（第2版）［M］. 北京：机械工业出版社，2012.

［6］ 内部资料. 科希家智能四恒技术资料. 2018.

第 5 章

暖通空调新思维

在互联网背景下，传统暖通空调是否可以借助互联网的强大带动力提高行业效率、提升产品质量和系统服务水平，这个问题已经提出多年，但成功案例不多。大多数的尝试都是在传统暖通空调系统中增加互联网技术手段，如使用市场营销获客力图降低中间成本，但投入产出比并没有实质性的突破。显然这是一种简单的暖通空调＋互联网思维，并没有让用户感到互联网对暖通空调产品和服务的实质性改变。

目前暖通空调还是工程属性的产品，按行业技术规范进行设计、施工和交付，较少考虑用户的个性化需求和体验效果，也没有持续的运维服务和体验改进；还是一个实体系统，较少系统数字化。而互联网的基础就是用数字化、信息化去提升传统行业和产品的技术性能、提升用户满意度，采用云服务降低服务成本，实现全周期的管理服务。必须以互联网＋暖通空调的模式来设计和实施，实现数字化、智能化和平台化，有了这个基础才能逐步获得互联网的红利。这就是暖通空调新思维。

本章介绍基于分户式暖通空调系统的数字化编码方法，通过对暖通空调系统基本单元（末端、房间、水力回路、回路类型、空气处理功能等）的编码，实现了对各种水力系统编码。做这个编码表的过程实际上就是虚拟系统的设计过程，而计算机软件实现虚拟系统与实际系统的映射对接，使用的就是"数字孪生技术"。再复杂的实体系统，由计算机硬件和软件控制都变得简单，可以实时监测和控制设备和系统的各个参数，实现了数字化的第一阶段目标。在此基础上，通过数字模型和算法以及人机交互技术可以实现控制的智能化。把现场的数据上传到云平台，在云平台对数据进行处理，可以优化系统和服务，这就是平台化。在数字化-智能化-平台化的基础上，不断挖掘用户价值，迭代实现，就可以产生不菲的经济价值，获取互联网红利。

要实现暖通空调实体系统向虚拟系统的转变，需要从上到下重新做技术框架，也就是说暖通空调＋互联网一定要在数字化的基础上才能逐步实现。本章的系统搭建就是实体与虚拟系统的同步建立（数字孪生），所搭建的系统不仅符合暖通空调设计标准，更可满足用户个性化的需求。在整个过程中，为了简化系统设计，可以使用标准的水力管道体系（水和空气），也可根据实际需求（如气候分区）提出创新设备的开发要求。

暖通空调新思维带来不一样的技术架构、新技术应用、新产品开发和新市场机会。

5.1 暖通空调行业的新挑战

新时代是用户的时代，用户拥有最终选择权。要更好发展必须要按用户的需求来提供产品和服务，接受新时代的新挑战。

用户体验挑战：用户对同质化的产品总是有不满意的地方，需要提供更新、更好、更个性化的产品和服务。

气候分区挑战：不同气候区有特殊的不舒适气象条件，一种暖通空调系统不能对应全部气候区的功能需求，或者即使能使用其使用效率也比较低。因此需要按气候分区来设计和实施暖通空调新系统，开发适合当地气候的新产品。

节能建筑挑战：国家不断推出建筑节能新规范，不断提升建筑节能水平。而新建筑节能措施的使用，改变了自然室温、自然湿度条件，打破了温湿度控制（显热比）的平衡，使原来适用的暖通空调系统变得不舒适起来，这些都需要暖通空调新思维。

数字化挑战：数字化是未来发展方向，数字化系统可以实现产品全生命周期的管理和服务，提高控制精度、扩展使用场景、降低使用成本，可以与数字社会和数字经济相融合，产生网络红利。

暖通空调设计目标新变化：要以用户为中心。也就是说除了满足行业设计标准规范外，还要满足用户的场景化、智能化、数据可视化、节能化和服务升级的需求。

暖通空调控制的新要求：数据化、智能化、云端化。实现三化是走向互联网时代的基础，三化的实现表示暖通空调控制已经从实体系统转向虚拟计算机系统。云平台可以更高效地对虚拟系统进行监控、管理和服务，满足用户需求。

售后服务的新要求：实现全生命周期服务。由于是为用户个性化订制系统和服务，因此一定是全生命周期的管理服务。必须要从方案设计开始就这样做，必须要有技术框架支持这样做。

开发框架结构把行业细分为 5 个层次：设备供应层、输配工艺层、解决方案层、实现层（销售安装服务）、用户需求层。这 5 个层次构建出行业生态体系，由上到下进行协同合作。如高端个性化是各种用户需求（C 端）的细分；用不同的渠道去实现商务（B 端）内容；解决方案实际上是一个 B2B2C 过程，根据用户需求确定产品全周期的管理和服务内容，在设备和系统层面集成并采用计算机软硬件控制，使用数字孪生技术实现数字化，提供更好的、更高效的系统和运维服务。

在第 4 章中介绍了数字孪生技术，在此助力下暖通空调系统控制目标也发生了变化，从物理实体到虚拟系统再到服务用户。系统配置和特征也发生转变：多末端、变流量、变水温正在成为暖通系统的标准配置；而对系统运行稳定性、高效性、精准性的要求也在逐步提高。总而言之，暖通空调系统正在从传统封闭式向开发式转变，这个转变不是对传统系统的修补和完善，而是一个新架构的顶层设计。新架构的建设不是某个企业的工作，而是需要整个行业链共同协作，以提升用户价值为核心目标，以解决方案为龙头，需要输配材料工艺体系、控制部件、主机设备、系统控制软件等都做出相应的改变。

5.2　暖通空调系统搭建

实体暖通空调系统由 4 部分组成：末端（风机盘管、地暖地冷、辐射末端等）、设备（冷热源、空气处理机）、输配部分（水管路、空气管路）、控制部分。

实体暖通空调系统的搭建是一个较复杂的过程。先采用数字孪生技术先根据用户个性需求进行虚拟化系统搭建，实现方案级目标。虚拟化完成后再映射成实体系统，采用传统技术进行系统设计，选定设备、部件和管道的规格尺寸。之后是项目实施，实施结束后进行交付，而交付后的运行维护又进入到虚拟系统提供的数据服务。

系统搭建就是在暖通空调基本单元的基础上实现系统配置，其单元类型如图 5.2-1 所示。数字搭建过程如图 5.2-2 所示，数字搭建完成后形成系统数字编码表，从而实现虚拟系统向实体系统的映射。数字搭建在基本单元的基础上进行，可以形成各种类型的暖通系统，并自动实现计算机软件控制。数字搭建的虚拟系统向实体系统转化落地需要有成套体系支持：包括计算机软硬件、关键设备、输送材料工艺体系、精准技术和各种监控参数、云平台基础等。

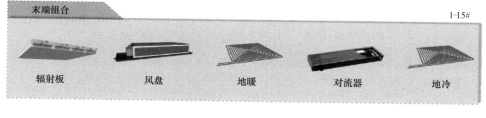

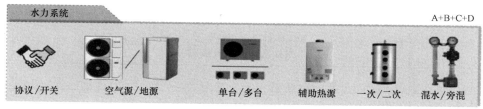

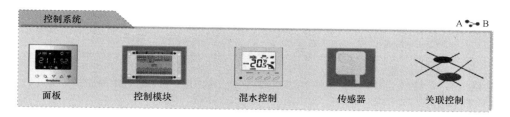

图 5.2-1　暖通空调基本单元

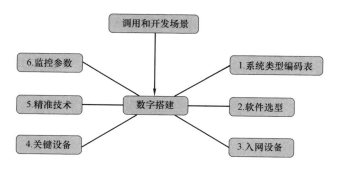

图 5.2-2　数字搭建过程

　　数字搭建的基本单元包括：房间内各种末端及末端组合方式；水力回路的构成；水力系统特征；空气处理系统特征；关联控制要求等。这些基本单元由数字组成，系统搭建完成后就会得到一个系统配置表，这个配置表可以被对应的计算机软件解析，根据所描述的特征由应用软件进行实时监控。

末端包括：①对流末端：风机盘管、地板对流器；②辐射末端：地板供暖、地板供冷、顶棚辐射供冷、顶棚辐射供暖、冷梁。末端组合就是一个房间内有几个末端协同工作，实现精准控制。不同房间有不同的使用要求，需要配置不同的末端组合以满足要求。末端组合存在 2 种兼容性的问题，一是水力平衡兼容，二是控制模式兼容。表 5.2-1 提出了 17 种组合模式，针对这 17 种末端都有相应的控制程序对应控制。每个房间或区域可能的末端类型为顶辐射、地辐射（供暖或供冷）、顶风机盘管（顶风盘）、地风机盘管（地风盘），或者各种组合。未来还可能根据需要增加末端组合类型。

末端及末端组合编码 表 5.2-1

编号	末端组合	应用 1	应用 2	应用 3	应用 4	应用 5
1	顶辐射	Y				
2	风盘	Y	Y	Y	Y	Y
3	地暖	Y	Y	Y	Y	Y
4	辐射＋地暖	Y				
5	风盘＋地暖	Y	Y	Y	Y	Y
6	辐射＋风盘	Y				
7	辐射＋风盘＋地暖	Y				
8	辐射＋地冷暖 1	Y				
9	辐射＋地冷暖 2	Y				
10	风盘＋地冷暖 2	Y	Y	Y	Y	Y
11	辐射＋风盘＋地冷暖 1	Y				
12	辐射＋风盘＋地冷暖 2	Y				
13	地冷 2	Y				
14	地冷暖 2	Y	Y	Y	Y	Y
15	全空气	Y	Y	Y	Y	Y
16	全空气＋地暖	Y	Y	Y	Y	Y
17	全空气＋地冷暖 2	Y	Y	Y	Y	Y

水力回路组合：每个系统中只能有 1 个组合编码。

水力系统组合编码是按其特点分类的，编码为 4 位数，每位的意思见表 5.2-2 所列。组合编码为计算机软件所识读和控制。水力系统分类分为四部分：①协议特征（X）；②类型和数量（A）；③辐射热源（B）；④水力系统特点（C）。共有 7 种情况，包括：一次无水箱、一次水箱、二次水箱、二次＋混水、一次＋旁混（一次＋混水）、二次＋旁混、二次＋混水＋旁混。

水力系统编码 表 5.2-2

编号	0	1	2	3	4	5	6
X	协议空调	非协议空调					
A	1台空气源	多台空气源	1台地源	多台地源			
B	无辅助热源	锅炉辅助	集中供热				
C	一次无水箱	一次水箱	二次水箱	二次+混水	一次+旁混	二次+旁混	二次+混水+旁混

空气系统组合编码：每台设备有1个编码（表 5.2-3），因此每个系统中可以有多个编码。编码数量与系统中的空气质量传感器数量一致，也就是说空气传感器是空气系统的最基本元素。

空气系统编码 表 5.2-3

编号	0	1	2	3	4
X	协议主机	开关主机	传感器控		
A	直膨式	冷水型	无源	双冷源	全空气
B	除湿	加湿+除湿	除湿+热回收	加湿+除湿+热回收	通风

空气处理系统目前有如表 5.2-4 所示的 17 种编码。

空气处理系统编码 表 5.2-4

编号	空气处理	应用1	应用2	应用3	应用4	应用5
100	直膨式	Y				
101	直膨式+电加湿	Y				
105	直膨式+热力加湿	Y				
224	开关全热新风	Y			Y	Y
125	热力加湿	Y	Y		Y	Y
225	全热新风+热力加湿	Y			Y	Y
110	冷水式	Y	Y	Y		
111	冷水式+电加湿	Y	Y			
115	冷水式+热力加湿	Y				
150	三恒式	Y	Y	Y	Y	
155	三恒式+内置加湿	Y	Y		Y	
144	全空气	Y				
145	全空气+内加湿	Y				
140	全空气+外除湿	Y				
141	全空气+内加湿+外除湿	Y				
161	管道除湿机	Y	Y	Y	Y	
162	全热新风+管道除湿	Y	Y	Y	Y	

系统编码表：对上述单元进行搭建后形成系统编码表。可以通过系统原理图转化成系统编码表，同样也可根据系统编码表倒推出系统原理图。某项目的系统编码表如表 5.2-5 所示，系统原理图如图 5.2-3 所示，接线图如图 5.2-4 所示。系统编码表与系统原理图唯一对应，但系统接线可以有多种不同接法。

暖通空调系统编码表　　　　　　　　　　表 5.2-5

水力系统编码	0003						
空调主机数量	1	厂家型号：					
空气系统编码	000						
空气传感器数量	1						
空气处理机数量	1	厂家型号：					
直通回路	1						
混水回路	2						
水箱温度	42-11						

室内部分

功能	名称	地址	类型	顶辐射	地辐射	顶风盘	地风盘	传感器	新风机
直通回路 1	直通水泵	42-1							
	培训室	06	11			41-7		32	41
	西厨	05	11			41-8		32	41
	维修间	02	12			43-4		32	41
	办公区	03	12			43-5		32	41
混水回路 1	混水模块	91							
	吧台	04	9		41-4			32	41
	西厨	05	11		41-5			32	41
	培训室	06	11		41-6			32	41
	维修间	02	12		43-1			32	41
	办公区	03	12		43-2			32	41
	配件库	01	9		43-3			32	41
混水回路 2	混水模块	92							
	吧台	04	9	41-1				32	41
	西厨	05	11	41-2				32	41
	培训室	06	11	41-3				32	41
排风机	卫生间	41-8							

本方案设备配置：

- 主机数量：1；
- 房间面板：6；
- 末端组合：3 种；
- 主机数量：1；
- 水力回路：1 直通，2 旁通混水；
- 空气处理主机：1（新风＋除湿）；
- 其他控制：排风机。

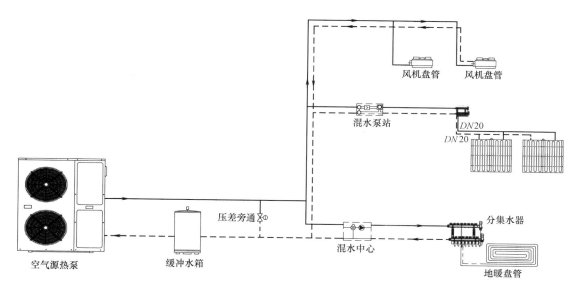

图 5.2-3　系统原理图

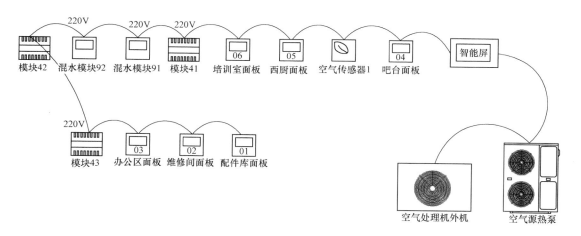

图 5.2-4　系统接线图

5.3　输配材料工艺体系

开放式暖通空调系统的输配部分与封闭式系统有很大不同。封闭式系统是先根据系统原理图设计计算，给出末端、主机的选型，再根据回路的输送流量和阻力要求，确定管道直径、水泵和其他部件的规格型号。这样做比较麻烦，而且很难找到优化方案（符合稳定、平衡、低噪声、节能的新要求）。

另外，目前通用的设计计算只能做定流量系统的设计，而两联供水力系统却是一个变流量系统，因此定流量系统的有效对策，如同程系统已经失效。要设计出合适的变流量系统非常困难。

研究表明变流量系统有如下特点：

1）要提高系统的水力稳定性，主要有 2 种方法：通过管路系统静态设计实现，通过动态平衡设备的设置来实现；

2）降低干线阻力，增大支路阻力可以提高水力稳定性；

3）异程系统从最近到最远末端稳定性依次降低，同程系统回路中间的末端稳定性最差，越近或越远稳定性更好；

4）压差控制阀减少各回路之间的干扰；

5）流量控制阀不适用变流量系统；

6）动态电动平衡阀有较好的自动调节效果；

7）压差旁通控制阀可开通旁路保护冷热源。

对于变流量系统，末端的数量越多，其水力平衡难度也就越大。为了克服这个困难，事先选择出一些水力平衡性能好的水力回路，供实际使用。对小型系统（冷热量≤20kW）采用平衡的一次水力系统，对大型系统采用多个水力回路，每个回路最大冷热量 30kW。这样只需要选择配置，不需要精确计算。这类水力回路包括：管道、管件、水泵、水箱、功能阀门等全套部件，以及标准安装工具、标准工艺和质量控制规范，也被称为"输配材料工艺体系"。不仅是供冷供热的水系统，空气处理的风系统也可以采取这种方式确定输配部分的设计、选型、施工和质量控制。

以某输配材料工艺体系为例，其分为一次系统（图 5.3-1）和二次系统（图 5.3-2）两种类型。根据基本原理图及每个回路的最大供热/供冷量即可确定该回路的管道直径系列，并在此基础上确定所有产品的规格和型号，配套专用工具和施工、质量管理规范。

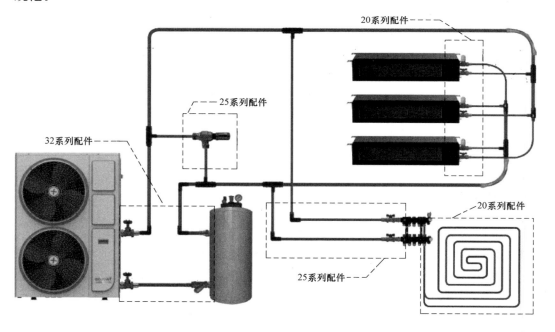

图 5.3-1　一次水力系统输配材料工艺体系

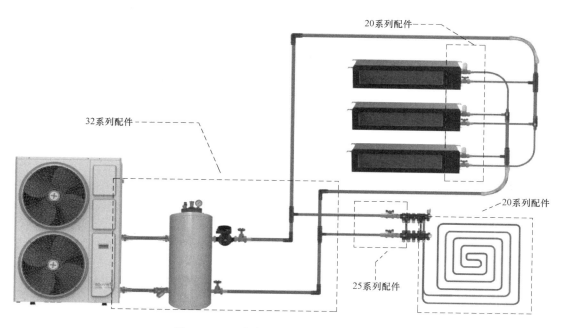

图 5.3-2　二次水力系统输配材料工艺体系

主管道直径可以按表 5.3-1 中的冷热量范围来选择。

水力回路选择表　　　　　　　　　　　　　　　　　表 5.3-1

冷量范围 （kW）	PPR	PE-Xa	自适应泵	设计流量 （m³/h）	说明
1～6	DN25	DN20	—		风机盘管
3～8	DN32	DN25	25～75	1.5	地板盘管
6～11	DN32	DN25	25～75	1.7	一次/二次
12～20	DN40	DN32	25～105	3.4	二次
21～30	DN50	DN40	32～110	5.5	二次
31～45	DN63	—	—		一次
46～60	DN75	—	—		一次

水泵采用变频自适应水泵，运用图 5.3-3 选择定扬程控制方式。扬程大小可根据水力

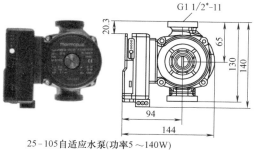

25-105自适应水泵(功率5～140W)

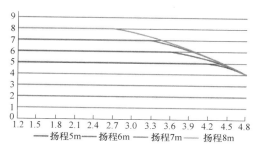

* 25-105自适应水泵可以承担16～20kW

图 5.3-3　自适应水泵技术性能（一）

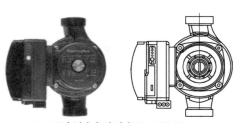

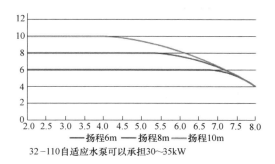

32－110自适应水泵(功率65～250kW)

32－110自适应水泵可以承担30～35kW

图 5.3-3　自适应水泵技术性能（二）

回路的具体情况，按水泵上的选择键确定。

5.4　辐射供冷技术

1. 发展历史

从全球范围看，现代辐射供冷的最早应用是在欧洲。1980年欧洲制定了第一部辐射地板供热标准。1985年地板供热成为欧洲中部和北欧国家住宅建筑的普遍功能系统，在非住宅建筑中的应用也越来越多。随着辐射供热末端的应用，将冷水通入辐射末端利用其实现夏季降温供暖功能也成为一种可能的选择。北欧的一些国家，具有夏季室外气候干燥、空气含湿量较低的天然优势，使辐射功能的结露风险大大降低。这些地区应用辐射供冷方式具有得天独厚的优势。利用辐射供冷末端装置可以对室内温度进行有效控制，这是北欧夏季炎热干燥地区气候条件下非常可行的功能方案，并具有较高的室内舒适性。

2000年欧洲中部地区开始使用嵌入式辐射冷却系统。世界上许多地区也采用了以辐射末端为基础的空调系统作为室内热湿舒适环境营造的有效手段，并以此为基础发展出多种类型的辐射供冷末端及辐射供冷空调系统方式，在越来越多的建筑中得到实际应用。

2. 节能性

辐射功能系统可以更高的功能温度营造相同舒适性的室内环境，显现出较好的节能潜力，具体体现在以下方面：

1）节约输配能耗。由于水的热容量远大于空气，所以输送相同的冷量，辐射冷水系统所需要的输配电耗仅为全空气系统风机电耗的 25%。

2）降低尖峰能耗。对于一些大惯性的辐射末端，可以利用其结构起到一定的蓄能作用。辐射地板的蓄能及削峰填谷作用可以降低建筑空调系统的尖峰能耗，最多能够节省 50% 的尖峰冷机能耗。

3）提升了冷源效率。由于辐射功能系统中辐射板本身不承担湿负荷，故其供水温度可显著高于全空气系统。使得冷源侧冷机蒸发温度显著提升，COP 能效提高、能源利用效率提高，并有利于直接利用地下水、蒸发冷却等自然能源。

4）可再生能源利用的可能性。辐射供冷利用的高温冷水与自然温度相差较小，可以考虑利用自然冷源；地热或太阳能等可再生能源可作为冬季供热的热源。

3. 辐射供冷分类

作为一种室内末端方式，辐射末端方式为构建建筑中的空调系统提供了重要选择。辐射末端既可实现供冷，又可实现供热，可以作为室内冬夏共用的统一末端方式。与此同时，辐射末端不仅仅是一种空调末端方式，它也为建筑设计、室内设计等提供了重要的选择，使得建筑设计不再拘泥于传统的对流空调末端方式，为改进建筑室内美学效果、室内舒适环境营造等都提供了新的方式。这时辐射末端就不再仅仅是空调系统的一种装置，而是可以与建筑的其他功能有机结合，在保证建筑功能性的基础上实现更好的建筑营造或表现。针对不同的辐射末端方式，其在建筑内的主要应用方式有：

1）地板辐射：采用辐射地板作为空调系统的末端时，冷热源设备制取的冷热媒介可经由输送水泵输送至辐射地板的分集水器处，并进一步由分集水器分散送至各处的盘管。以辐射供冷为例，冷冻水流经盘管过程中与管外填充层等换热，使得辐射地板的表面温度低于周围室内环境。辐射地板通过表面与周围环境、壁面等进行换热，将热量最终传递至辐射地板盘管内的冷水，完成辐射末端的热量传递过程。

2）顶棚辐射：与地板辐射类似，顶面辐射的换热是通过将冷热媒介输送至顶板内的换热盘管中，使得辐射顶板表面的温度与周围环境有所不同实现的。顶面辐射方式中以抹灰形式毛细管、石膏面辐射板和金属辐射板最为常见，利用顶板内的盘管对其进行降温，从而实现利用建筑室内顶板来进行室温调节。

3）垂直辐射：布置在室内墙壁等处，多采用抹灰形式的毛细管方式。与顶面或地板辐射末端方式相比，侧墙等壁面处的辐射末端在于周围空气的自然对流换热系数等关键参数上会有所差别，需要根据实际的布置情况和建筑室内布局等进行核算。

4. 热舒适性

对于使用空调的建筑，目前国际上通用的评价室内人员热舒适性采用的是 Fanger 提出的 PMV-PPD 热舒适模型，其中 PMV 是预计平均热感觉指数，PPD 是预测不满意率，PMV 与 PPD 的关系如表 5.4-1、图 5.4-1 所示。

预计平均热感觉指数 PMV　　　　　　　　　　　　表 5.4-1

冷	凉	稍凉	不冷不热	稍暖	暖	热
−3	−2	−1	0	1	2	3

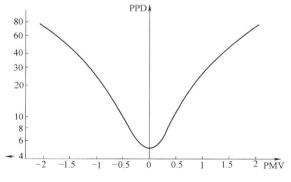

图 5.4-1　PMV 与 PPD 之间的关系

人体热感觉 PMV 的主要影响因素为室内空气温度（T_a）和平均辐射温度（T_r）。平均辐射温度的意义为假想出一个等温的围合面，T_r 就是这个围合面的表面温度，它反映了地板表面对人体辐射作用的平均温度。操作温度 T_{op} 是室内空气温度和平均辐射温度的加权平均值，反映了环境空气温和平均辐射温度的综合作用，因此通常被用来表征人体的综合热舒适程度。根据欧洲标准 EN 15251 及国际标准 ISO 7730，不同舒适等级下人体热感觉 PMV 及室内体感温度的变化范围如表 5.4-2 所示。

不同舒适等级条件表　　　　　　　　　　　　　　表 5.4-2

舒适等级	等级描述	不满意率 PPD(%)	人体热感觉 PMV	室内体感温度	
				夏天(℃)	冬天(℃)
A	舒适水平高	<6	−0.2<PMV<0.2	24.5±1.0	22.0±1.0
B	舒适水平适中	<10	−0.5<PMV<0.5	24.5±1.5	22.0±2.0
C	可接受	<15	−0.7<PMV<0.7	24.5±2.5	22.0±3.0
D	不可接受	>15	PMV<−0.7,PMV>0.7	<22.0;>27.0	<19.0;>25.0

如表 5.4-2 所示，等级 A 的舒适水平最高，不满意率最低，而等级 D 的舒适水平最低，不满意率最高。

在实际应用的辐射供冷系统中，通常利用顶面或者地面作为热量传递的换热面，会造成不对称辐射的室内环境。丹麦范格教授选取不对称辐射温度（ΔT_{pr}）作为描述不对称辐射的表征参数，通过实验的方法提出了辐射吊顶和辐射侧墙分别在供冷供热时的人体舒适限值，并提出不对称辐射温度（ΔT_{pr}）与不满意率模型，以 5% 人体预测热不满意率下的不对称辐射温度限值作为辐射环境下的热舒适设计标准，如表 5.4-3 所示。

不对称辐射温度限值　　　　　　　　　　　　　　表 5.4-3

	顶板供冷	顶板供热	侧墙供冷	侧墙供热	地板供冷(2h)	地板供冷(8h)
不对称辐射温度 ΔT_{pr}(℃)	14	5	10	23	6.4	4.1

表 5.4-4 是在实际设计中，不同类型辐射空调为了维持平均辐射温度在 25.5℃时的不对称辐射温度的最大值。

最大不对称温度值　　　　　　　　　　　　　　表 5.4-4

	顶板供冷	顶板供热	地板供冷	地板供热
承担负荷壁面温度(℃)	17	36	19	32
其他壁面温度(℃)	27	24	28.5	22.5
不对称辐射温度 ΔT_{pr}(℃)	5.6	6.8	8.7	8.7

在不对称辐射温度小于 10℃时，人体整体热感觉 PMV 为 0±0.1，处于一个比较舒适的状态。即在中性工况时，现有的顶面和地面辐射末端方式的运行参数范围内带来的非

对称辐射对整体热感觉和热舒适无较大影响。

采用地板辐射供冷方式时,地板面通常为室内温度的最低点,垂直方向上温度梯度整体呈现上热下冷的趋势,与人们期望的上冷下热的温度分布存在偏差。在实际应用中,应根据人员停留时间,地板表面温度等选择适宜的应用场合,避免垂直方向的温度阶梯过大,底部过冷等不利影响。采用辐射顶板供冷方式时,顶板为室内温度最低点,垂直方向上的温度分布呈现出上冷下热的状况,与人们期望的温度部分曲线最接近。

由于辐射供冷系统采用了独立的新风送风系统,可以保证充足的新风量,人均新风量远大于10L/s,使得室内外二氧化碳浓度差值一般不超过500ppm。目前国际上通用的评价室内人员健康采用的是新风量与二氧化碳浓度差值,其中二氧化碳浓度差值是室内二氧化碳浓度与室外二氧化碳浓度之差。表5.4-5是欧洲标准EN15251中各健康等级下的不满意率、室内新风量、二氧化碳浓度差值(室内-室外)限值。

二氧化碳浓度限值 表5.4-5

健康等级	等级描述	不满意率PPD（%）	健康指标	
			新风量[L/(s·每人)]	二氧化碳浓度差(ppm)
A	健康水平高	<15	10	350
B	健康水平适中	<20	7	500
C	可接受	<30	4	800
D	不可接受	>30	<4	>800

对办公楼采用变风量(VAV)供冷房间和采用辐射供冷房间的人员进行问卷调查,结果表明:前者"满意或非常满意"的人数比例为45%,而后者为63%。显然辐射供冷舒适度更高。

5. 技术特性

不同形式的辐射供冷供热的传热系数:

1) 地板供暖和顶板供冷

$$Q = 8.92 \cdot (\theta_i - \theta_{sm})^{1.1}$$

2) 垂直墙体供冷供热

$$Q = 8 \cdot (|\theta_i - \theta_{sm}|)$$

3) 顶板供热

$$Q = 6 \cdot (|\theta_i - \theta_{sm}|)$$

4) 地板供冷

$$Q = 7 \cdot (|\theta_i - \theta_{sm}|)$$

式中 θ_i、θ_{sm}——室内操作温度和表面平均温度。

不同类型辐射供冷的特点比较见表5.4-6。

不同类型辐射供冷特性比较　　　　　　　　表 5.4-6

辐射板类型	热阻(m²·K)/W	时间常数	表面温度均匀性	表面温度与最低水温之差
混凝土辐射地板	0.1~0.16	3~4h	比较均匀	差异大
抹灰型毛细管顶	0.02~0.06	5~15min	比较均匀	差异较大
平板金属板顶	<0.02	1min 内	不易均匀	接近供水温度
强化对流金属板顶	<0.02	1min 内	不易均匀	接近供水温度

与辐射顶板供冷相比，辐射地板受太阳辐射的直接影响，即传热量中要充分考虑太阳辐射（短波辐射）的影响。单位面积辐射板的供冷能力受使用环境（空气温度、周围壁面温度、太阳辐射强度）、辐射板供回水温度等参数的显著影响。当有太阳辐射（短波辐射）时，因辐射地板直接吸收太阳辐射热量为 $50W/m^2$，供冷能力要比无太阳辐射时提高了近 1 倍。但辐射地板又受到表面最低温度不得低于空气露点温度的限制，供冷能力往往有限，同时还需考虑遮挡等因素的影响。

辐射表面的总传热系数（供热时室温 20℃，供冷时室温为 26℃）、可接受的表面温度及供热和供冷能力见表 5.4-7（EN15377-1）。可以看出最大供冷能力为 $99W/m^2$。

不同辐射表面的技术指标　　　　　　　　表 5.4-7

	总传热系数 W/(m²·K)		表面温度限值(℃)		最大传热能力（W/m²）	
	供热	供冷	供热(最高)	供冷(最低)	供热	供冷
地板中心	11	7	29	19	99	42
地板周边	11	7	35	19	165	42
墙壁	8	6	40	17	160	72
顶棚	6	11	27	17	42	99

对变水温供冷的石膏辐射板，最低供水温度 14℃时，实际供冷量可达 $90W/m^2$；而 45℃供热时，实际供热量可达 $120W/m^2$。以上数值乘以室内面积和铺设率可以计算房间的最大供冷/供热量。

6. 设计与使用

辐射末端向室内供冷的方式包括与室内空气的自然对流，与壁面的长波辐射换热和吸收短波辐射这三个主要途径。由于辐射末端的冷表面（供冷工况）与人体直接发生长波辐射换热作用，使得室内人员的体感温度可比周围空气温度低。采用对流末端方式时通常将空气温度处于舒适区作为设计参数，与之不同的是采用辐射末端方式时需要将操作温度处于舒适区作为设计的目标参数。空气温度 T_a、平均辐射温度 T_r 是影响操作温度 T_{op} 的重要指标。为保证操作温度相同，那么采用辐射末端夏季供冷时，室内设定空气温度可以提高一些（一般为 0.5~1.5℃）。

在夏季，建筑空调负荷的主要组成包括围护结构负荷、新风负荷、室内人员负荷、室内设备灯光负荷等。由于一般辐射供冷末端方式只通过辐射、自然对流换热方式进行热量传递，其承担的负荷通常只是建筑显热负荷，新风负荷也不在辐射末端的处理范畴，因而一般室内的辐射末端承担的负荷主要考虑围护结构、室内人员、灯光设备等建筑自身负荷，而室内人员产湿等导致的建筑湿负荷、新风导致的热湿负荷则由新风除湿设备承担。在冬季，主要热负荷来自围护结构和新风，室内热源、灯光设备等发热量可作为室内热源。

在夏季辐射供冷时，辐射末端表面温度通常受到室内露点温度的限制，又要综合考虑热舒适性的影响，太低的辐射末端表面温度可能会导致结露，也容易造成人员不舒适感；太高的辐射末端表面温度又会使其与室内换热温差偏小，造成供冷能力不足。以夏季室内温度 26℃，相对湿度 50%～60% 为例，室内的露点温度在 14.8～17.6℃，辐射末端的表面温度通常维持在 16～20℃，与室内空气、辐射表面之间的综合换热温差在 6～10℃。

冬季辐射供暖时，尽管辐射末端表面温度不再像夏季供冷时一样受到室内露点温度的限制，但从人员舒适度角度及系统所需热源温度角度综合考虑，辐射末端表面温度也不宜太高。表面温度太高时，人员与辐射末端之间的换热温差较大，容易引起人员热不舒适或热灼感；也不利于提高热源侧的效率，实现低温供热的效果。在冬夏季采用公用辐射末端的系统中，需要校核辐射末端供冷和供热的负荷，若有不能满足的情况，则需要对设计参数进行调整。

辐射供冷表面温度低于空气露点温度时，辐射表面就会结露。即使没有到露点温度，由于表面处的相对湿度较高，也可能会出现吸湿饱和的情况，甚至出现发霉和有异味的情况。因此，要使用辐射供冷首先必须有足够强大的除湿系统，以避免上述情况发生。

低蓄热量的辐射供冷应使用变水温控制，而不是供水的关断控制。因为供水关断后表面温度会升高，这会减少对人体的冷辐射，使人体离开"舒适区"。变水温控制参数可取室内实际温度与设定温度的差值，这个差值增加供水温度就要降低，反之供水温度要提高。变水温调节是在整个分集水器回路上进行的，与回路中所有房间有关，而关断供水只是针对每个房间的小回路进行。由于有变水温，因此每个房间的供水关断次数会减少，舒适度也更佳。

对于有大窗户或者玻璃幕墙的建筑，顶棚辐射的供冷量（最大 99W/m²）要远小于阳光得热，按窗户面积计算得热会达到每平方米几百瓦。此时需要使用地板对流器和/或地板供冷来平衡得热，即使如此靠近窗户的位置也难以达到热舒适条件，应避免在这个位置安放办公桌。

5.5　温湿度独立控制系统

5.5.1　温湿度独立控制系统的特点

温湿度独立控制系统的定义是：由相互独立的两套系统分别控制空调区的温度和湿度的空调系统，空调区的全部显热负荷由干工况室内末端设备承担，空调区的全部散湿负荷经湿处理的干空气承担。

从热舒适和健康角度出发，要求对室内温湿度进行全面控制。夏季人体舒适区一般为温度 25℃，相对湿度 60% 左右，此时对应的空气露点温度约为 16.6℃，空调排热排湿的任务可以看成是从 25℃环境中向外界排除热量，在 16.6℃的露点温度的环境下向外界排除水分。常规空调由于采用热湿耦合处理的方式，为了满足处理湿度需求，需要 7℃ 左右的低温冷冻水；而若只是进行排除余热，则 15～18℃ 的高温冷冻水即可。在空调系统中，显热负荷约占总负荷的 50%～70%，而潜热负荷约占总负荷的 30%～50%，本可采用高温冷源排走的热量却需要与除湿一起共用低温冷源进行处理，造成能源上的浪费，同时也限制了设备能效的提高。

随着人类社会不断发展，对适宜环境的需求增多，并且越来越重视对能源的节约，这些都对传统空调系统提出了挑战。在满足营造舒适、适宜环境的基础上，如何进一步有效提高能源利用率、降低能耗就成为改进现有空调系统、探寻新的建筑环境营造手段所面临的根本问题。从现有的空调系统处理方法及存在的问题出发，对新的空调系统提出的要求主要包括：

1）适应建筑室内热湿比不断变化的需求，同时满足室内热湿参数的调节；

2）避免降温、再热与除湿、加湿抵消造成的热量损失；

3）室外新风通过各种热回收方式，降低新风能耗；

4）减小室内空气循环量，减少循环次数，减少吹风感；

5）取消潮湿表面，避免滋生细菌；

6）降低系统的输配能耗，提高能源利用率；

7）保证较高的空气品质，包括 CO_2 浓度、PM2.5，TVOC 等。

针对上述特点，温湿度独立控制空调系统是一个较好的解决方案。

在温湿度独立控制空调系统中，采用温度与湿度两套独立的子系统，分别控制、调节室内的温度和湿度，避免了常规空调系统中热湿耦合处理所带来的问题。采用两套独立的控制调节系统，可满足房间热湿比不断变化的要求，克服了常规空调系统中难以同时满足温度、湿度参数的弊端，避免了室内湿度过高或者过低的现象。温湿度独立控制系统的特点见表 5.5-1 所列。

温湿度独立控制系统的特点   表 5.5-1

序号	目前系统存在的问题	温湿度独立控制系统
1	热湿统一处理时能耗的损失	无此部分的损失
2	冷热抵消及除湿加湿抵消造成的损失	无此部分的损失
3	难以适应热湿比的变化	室内的温度和湿度均独立调节，满足建筑热湿比的变化需求
4	输送能耗	系统循环能量仅为满足人员要求的新风量，远小于全空气系统的循环风量；温度控制采用中温水，有利于提高冷机的效率
5	对空气品质的影响	显热消除末端装置处于干工况，无凝结水，不会滋生细菌

其中，温度控制系统包括高温冷源、显热消除末端装置，可采用辐射板或干式风机盘管等多种形式，由于供水温度高于室内空气的露点温度，因而不存在结露的风险，风机盘管也无冷凝水。湿度控制系统，同时承担去除室内 CO_2、TVOC 的任务，保证空气质量，此系统由新风处理设备、末端送风装置组成，并通过改变送风量来实现对湿度和 CO_2 的调节。由于仅是为了满足新风和湿度的要求，在温湿度独立控制系统中的风量远小于全空气系统的风量。

温湿度独立控制系统具有如下优点：

1）节能性

常规空调系统采用热湿耦合处理方式，整个系统冷水机工作温差范围要在33℃左右。而如果将显热与潜热处理分开，处理显热部分的冷水机组的工作温度范围就会缩小至24℃左右。根据制冷原理，冷水机组的工作温度范围越大意味着制冷工作压差越大，能效也就越低。而使用高温冷水机组能达到20％的节能效果。

2）舒适性

温湿度独立控制系统可以分别调整设定温度和湿度，因此可以达到最佳条件实现更高的热湿舒适度。辐射供冷减少室内环境中不舒适的因素（如吹风、运行噪声），让用户的舒适体验更好。

3）气候分区

不同气候区加湿时间与供热时间，除湿时间和供冷时间存在很大的差异。以上海为例按气候数据，全年需要供冷时间为1482h，而需要除湿的时间为3037h，后者比前者多1倍，这也就是说需要单独配置除湿系统以满足室内湿度精准控制的需求。

4）节能建筑中使用

随着建筑节能标准的提高，建筑围护结构的保温越来越好，气密性越来越严。这样也会造成室内显热和潜热（湿）负荷的数值变化，以及两者比例的改变。原有空调系统的供热供冷量及热湿比已经不能与新节能建筑相匹配，使用下来会出现许多不适的情况。比如夏热冬冷地区采用全空气空调系统控的被动房内的湿度，在夏季会经常超标。而温湿度独立控制系统可以很好地处理这个问题。

温湿度独立控制系统的设计目标为：

1）热舒适度

温湿度独立控制系统可将更高的舒适度水平当作设计目标。

2）露点控制

在中国东部城市，其空气中的绝对含湿量要比同纬度其他国家的城市高很多，因此在中国做辐射供冷难度更大。需要对室内空气露点温度进行更精准的控制，并需要深度除湿。在住宅和小型商业空间，一般使用冷冻除湿控制空气含湿量，通常以露点温度作为控制目标。

3）空气质量

湿度控制系统也是一个空气处理系统，该系统应匹配全年使用的需求，除湿度控制外，还要保证室内空气质量。

4）节能性

虽然温湿度独立控制系统具有先天的节能优势。但实际上，用户选择使用的第一要求是舒适健康，而不是节能。要在保证舒适和健康效果的基础上，优化系统和控制实现节能效果。在此基础上进行能耗监测，对能源监测数据进行分析，提出进一步节能的措施。

5.5.2 温度控制系统

温度控制系统有以下末端形式：

1）干式风机盘管

在传统冷凝除湿空调系统中，送入风机盘管的冷冻水温度为7℃，空气被降温除湿，空气中的冷凝水汇集到冷凝水盘中，并通过冷凝水管排出。风机盘管带有冷凝水盘及冷凝水管路，冷凝水盘成为滋生微生物细菌的场所。这种风机盘管被称为湿工况风机盘管。

在温湿度独立控制的空调系统中，风机盘管仅用于排除室内余热，承担温度控制的任务，冷水的供水温度高于室内露点温度，盘管内并无冷凝水产生。这种风机盘管被称为干工况风机盘管。

需要注意的是，干式风机盘管和传统风机盘管干工况运行，是两个不同的概念。典型湿式风机盘管直接运行在干工况的时候，以 FP-68 型号为例，该风机盘管在 7℃/12℃ 冷冻水运行情况下，供冷量达到 3826W，而将此风机盘管直接运行于 16℃/21℃ 高温冷冻水情况下，风机盘管的供冷量仅为 989W，供冷量仅为 7℃/12℃ 工况的 26%。因此，干式风机盘管是为了适应温湿度独立控制空调系统而专门开发的设备，采用逆流设计，提高换热效果，减小空气、管程换热热阻，提高换热系数。

表 5.5-2 是湿工况风机盘管和干式风机盘管性能的比较。

不同类型风机盘管性能比较   表 5.5-2

型号	额定风量（m³/h）	湿工况风机盘管性能		干式风机盘管性能	
		供冷量(W)	供热量(W)	供冷量(W)	供热量(W)
FP-34	340	1800	2700	680	1490
FP-51	510	2700	4050	1020	2240
FP-68	680	3600	5400	1360	2990
FP-85	850	4500	6750	1700	3740
FP-102	1020	5400	8100	2040	4500
FP-136	1360	7200	10800	2720	5980
FP-170	1700	9000	13500	3400	7480

湿工况风机盘管的测试标准为：供冷工况，室内干球温度 27.0℃，湿球温度 19.5℃；冷水进口温度 7℃，出水温度 12℃。供热工况，室内干球温度 21.0℃，热水进口温度 60.0℃，热水流量与供冷工况流量相同。

干式风盘的测试标准为：供冷工况，室内干球温度 26.0℃，湿球温度 18.7℃；冷水进口温度 16℃，出水温度 21℃。供热工况，室内干球温度 21.0℃，热水进口温度 40.0℃，热水流量与供冷工况流量相同。

2）混凝土结构辐射地板

辐射地板通常由混凝土与辐射盘管共同构成，是一种"水泥核心"的结构形式，也称作结构埋管。将交联聚乙烯塑料管在楼盘浇筑前排布并固定在钢筋网上，浇筑混凝土后，就形成"水泥核心"结构。由于混凝土楼板具有较大的蓄热能力，因此可以利用此类型辐射板实现蓄能。但从另一方面看，系统惯性大、启动时间长，动态响应慢，有时不利于控制调节，需要很长的预冷或预热时间。所以该种结构适用于暖通空调系统 24h 运行的建筑。

3）毛细管网

毛细管网一般以 PPR 或者 PERT 材质制成外径为 3～4mm，间距为 10～20mm 的密布细管，两端与分、集主管相连，形成网格结构。管内水流速较小，一般为 0.05～0.2m/s，与人体毛细管内流速相当，故称为毛细管结构。这一结构可以与金属板结合称为模块化的辐射板产品，也可通过抹灰结构直接与楼板或者吊顶板连接。

毛细管网用于分户式系统时应在辐射传热背面有足够的保温能力，减少反向传热。如果保温能力不足，就会在辐射供冷时使背面温度过低，导致底板发霉和结露。

4）金属吊顶辐射板

此种辐射板是以金属（如：铜、铝和钢）为主要材料制成的模块化辐射板产品，主要用作吊顶板。从辐射板的剖面结构来看，中间是水管，上面是保温材料和盖板，管下面通过特别的结构和下表面板相连。

5）石膏面辐射板

此种辐射板的辐射面是纸面石膏板，下部依次是均热铝板、塑料管道、开槽泡沫保温板。辐射板采用自攻螺钉安装在吊顶龙骨上，辐射板中两个管道之间可以开孔安装射灯。由于有均热板，辐射板表面的温度很均匀，提高了供冷供热量。表面石膏板中有许多微孔可以吸湿，降低了表面结露风险。

6）主动式冷梁

其通过管道通入室内的新风进入冷梁后高速喷出，在冷梁内产生负压，从而诱导室内空气和冷梁内的换热器充分换热后再送回室内，达到去除室内显热负荷，降低室内温度的目的。风机盘管是依靠内部风机提供动力，与之不同的是主动式冷梁是依靠一次风（一般是新风除湿机的新风）的引射作用来提供送风的动力。

实际上整个建筑全部使用显热温度控制系统不是最好的解决方案，应该根据不同房间或空间的使用特征来选择末端类型。人员变化大，或者使用频率低的房间或空间还是使用传统系统更合适。这些区域的传统空调末端是可以关闭的，但为了避免空气质量和湿度问题，这些区域要24h保证湿度和空气质量，就需要新风和湿度控制不停。也就是说，可以在全年保证湿度和空气质量的条件下，把传统空调系统与温湿度独立控制系统结合在一个方案中使用。

图5.5-1～图5.5-5给出了带辐射供冷的温度控制系统原理图，包括单独的辐射或显热末端系统，以及包含传统空调末端的混合系统。

基础系统编号:0000
地源热泵:可有
非协议空调:无
辅助热源:无
末端类型:1(顶辐射)
地冷类型:0(无)

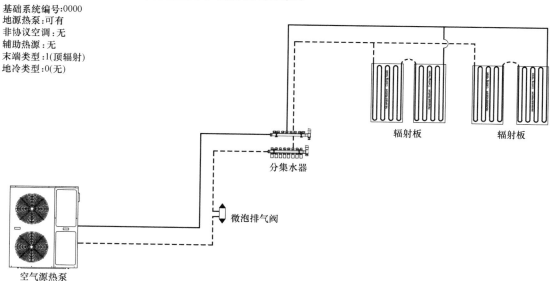

图5.5-1 温度控制系统原理图1

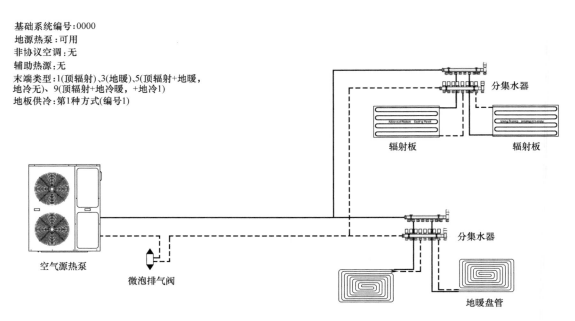

基础系统编号:0000
地源热泵:可用
非协议空调:无
辅助热源:无
末端类型:1(顶辐射)、3(地暖)、5(顶辐射+地暖,
地冷无)、9(顶辐射+地冷暖,+地冷1)
地板供冷:第1种方式(编号1)

分集水器

辐射板　　　　辐射板

分集水器

空气源热泵

微泡排气阀

地暖盘管

图 5.5-2　温度控制系统原理图 2

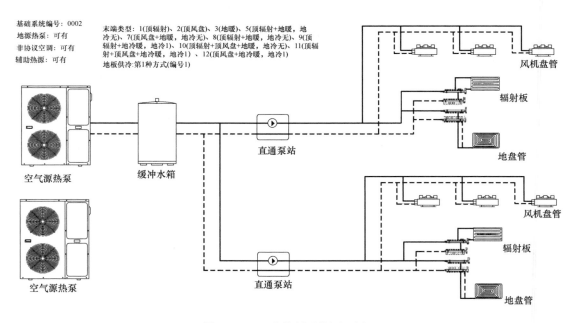

基础系统编号：0002
地源热泵：可有
非协议空调：可有
辅助热源：可有

末端类型：1(顶辐射)、2(顶风盘)、3(地暖)、5(顶辐射+地暖,地冷无)、7(顶风盘+地暖,地冷无)、8(顶辐射+地暖,地冷无)、9(顶辐射+地冷暖,地冷1)、10(顶辐射+顶风盘+地暖,地冷无)、11(顶辐射+顶风盘+地冷暖,地冷1)、12(顶风盘+地冷暖,地冷1)
地板供冷:第1种方式(编号1)

风机盘管

辐射板

地盘管

直通泵站

空气源热泵

缓冲水箱

风机盘管

辐射板

地盘管

直通泵站

空气源热泵

图 5.5-3　温度控制系统原理图 3

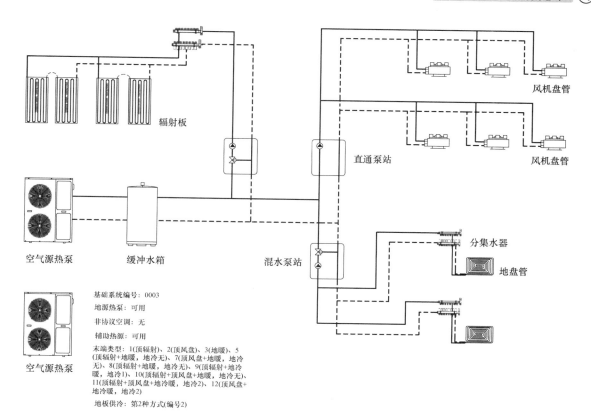

图 5.5-4　温度控制系统原理图 4

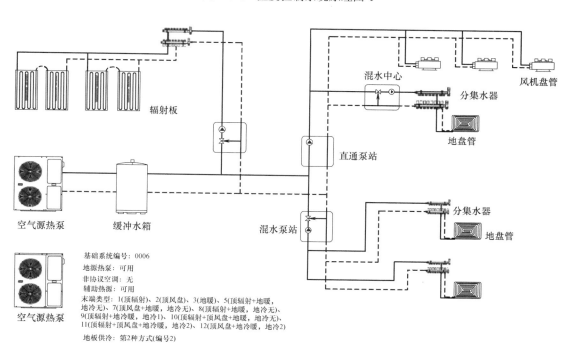

图 5.5-5　温度控制系统原理图 5

5.5.3 新风和湿度控制系统

所谓空气质量控制是指通过合理控制设备运行，把室内空气质量保持在可以接受的水平，这个接受水平应该基于经验和预期。通过经验来确定需要控制的目标项，通过预期来设定可接受的效果。

空气处理系统是保证室内空气质量的最后一个环节，前面的环节包括：减少室内装修和家具污染释放量、提高建筑气密性、减少室外污染进入室内、管理制度和措施。空气处理系统是一个多功能的系统，要想同时实现多个控制目标，必须使用较好的设计方案及高效的设备、管道系统和控制策略。

中国大部分地区的气候特点是雨热同期，夏季时气温高湿度大，除湿的能耗要比其他国家大很多，因此许多欧洲的新风除湿设备会"水土不服"。目前暖通标准中并没有新风除湿的设计参数和计算方法，且各地室外的含湿量可能相差很大，这些都需要重新建立一套技术规则去解决。

1）除湿装置分类及原理

（1）冷凝除湿方法是利用低温冷水或制冷剂通过表冷器盘管与空气接触，使空气温度降低到露点后再进行除湿的方式，温度较低的冷冻水或制冷剂进入表冷器，湿空气经过表冷器时温度降低，达到饱和状态后如果继续降温，湿空气中的水蒸气就会凝结析出，经过表冷器后，湿空气的含湿量、温度均降低，出口空气接近饱和状态。

（2）转轮式除湿方法是在转轮上布满蜂窝通道，通道应避免含有固体吸湿材料，当空气流过这些通道时，与壁面的吸湿材料进行热湿交换而实现对空气的处理。对于除湿转轮，通常转轮的3/4扇区为被处理空气通道，剩余的1/4扇区为再生空气通道，除湿转轮的优化转速通常在0.2~0.5r/min。需要注意的是，在全热回收和除湿两种不同使用情况下，对于转轮吸湿材料的性能要求有着明显的差异。

2）加湿装置分类及原理

常用的空气加湿方式包括：湿膜蒸发加湿、电极加湿、电热加湿和超声波加湿等。加湿装置最重要的是避免加湿水失控，在室内漏水，因此需要限制供水并设置溢流排水管道。加湿水应采用经过RO机处理的纯水，这样可以避免出现水垢或在空气中出现白雾。

（1）湿膜蒸发加湿的工作原理是，水经过淋水器分配后喷洒到湿膜材料上，空气流经湿膜材料时，水蒸发为蒸汽进入空气，实现对空气的加湿处理。整个过程伴随空气温度降低，要保证足够的加湿量，一般需要事先把空气加热到35℃以上。

（2）电极加湿是将电极置于水中，以水作为电阻，通入电流后水被加热而产生蒸汽，再将蒸汽送入需要加湿的空间，实现对空气的加湿。电极加湿不能使用纯水，因为纯水的导电性能不足。电极加湿一段时间后，电极罐内会结垢，需要及时更换。

（3）电热加湿就是采用加热器把液态水变成水蒸气后加入到空气中。要注意水蒸气释放口与空气流动的相对位置，防止水蒸气在设备内部结露。

（4）超声波加湿是采用高频震荡，通过雾化片的高频谐振将水抛离水面产生飘逸的水雾颗粒，水雾粒子在空气中飘浮吸收热量汽化为水蒸气，实现对空气加湿。超声波加湿的实际效果很差，很多水雾颗粒最后又落到地面上。

夏季室内含湿量有两个来源，一个是室内散湿源，主要是人体和生活（晾衣、做饭等）；一个是室外墙体和缝隙渗透等，通风和新风也会造成室外水蒸气进入室内。要控制室内湿度，第3.2节中有这些散湿的数据或计算公式。

图5.5-6中，以人体散湿量（含生活散湿量）按120g/h估算，生活散湿是波动的，除湿有一定余量就可以了。室外渗透相当于纯新风，进入量必须得到控制，这个控制由提高窗户气密性等级来实现，气密性等级要求应满足居住建筑节能标准规定。这两项之和就是室内需要的除湿量。只有当新风除湿机的"净"除湿量大于这个除湿量时，室内湿度（含湿量）才能得到有效的控制。也就是说新风除湿机首先要把空气处理到与室内含湿量相同的水平，这部分的除湿是"室外除湿"，而其次新风除湿机要把空气处理得比室内含湿量还低，这部分就是净除湿量。净除湿量等于含湿量差值（室内空气含湿量－新风除湿机出风口含湿量）乘以新风除湿机的出风量。因此，要想净除湿量大，一个是"深度除湿"（出风口含湿量更低），一个是增加处理风量。

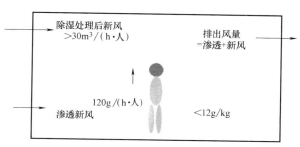

图5.5-6　室内除湿模型

按人均30m³/(h·人)处理风量，人均120g/h的散湿量，室内含湿量（12g/kg，露点16.9℃）、不考虑渗透新风的设计条件做计算。处理后的空气含湿量应低于8.7g/kg，此时露点温度为12℃，这个条件被称为"深度除湿"，采用深度除湿可以减少处理风量。

室外空气中的含湿量可以从气象数据中获得。以南京市为例，使用气象软件可以查出小时的历史平均数据，最大含湿量为24.6g/kg（露点温度28.3℃），50h不保证率的含湿量为23.0g/kg（露点温度27.2℃）。新风从这个含湿量处理到8.7g/kg，需要消耗很大的能量，在技术上也有很大的难度。空气处理机组的除湿量可分为两部分，一部分是处理到室内含湿量时的除湿量，一部分是从室内含湿量处理到出风口含湿量时的除湿量。后面一部分也被看成是净除湿量，也就是针对室内人体、其他散湿源的散湿量。以出风口露点温度做控制的新风除湿机，温度设定范围为6～11℃。以300m³/h（低速为70%）风量空气处理机组为例，其净湿量如表5.5-3（假设室内含湿量固定在12g/kg）所示。

机组净除湿量　　　　　　　　　　　　　　　　　　　　　　　　　表5.5-3

性能	出风露点设定(℃)					
	6	7	8	9	10	11
含湿量(g/kg)	5.79	6.21	6.65	7.12	7.63	8.16
除湿差值(g/kg)	6.21	5.79	5.53	4.88	4.37	3.84
高除湿量(kg/h)	2.2	2.1	1.9	1.8	1.6	1.4
低除湿量(kg/h)	1.6	1.5	1.3	1.3	1.1	1.0

空气处理机把出风口含湿量低于8.7g/kg的称为深度除湿，此时可采用1次/h的换气次数作为设计条件。采用变频压缩机＋恒风量风机技术，实现深度除湿、净除湿量稳定可控的效果。经验表明，以1次/h换气为基础，冷冻除湿新风除湿机，采用氟系统直膨

式设备的出风露点温度设置为7℃；而采用冷水除湿的设备出口露点温度设置为9℃。这样的话，即使低速也能保证室内湿度的控制需求。

温湿度独立控制原则，在夏季湿度处理系统的出风温度应该与室内温度接近，否则在低温高湿气候时，如梅雨天，低温送风会不断降低室内空气温度，而室内空气温度的降低又使相对湿度不减反增加，这样就进入了不舒适的"死循环"。考虑到室内有人员和设备等发热源，因此只要除湿系统送风的供冷量不超过 5 W/m²，是不会导致室内空气温度连续下降的。

空调区的温度控制一般采用为其服务的干工况末端设备来实现，相对简单一些。而室内湿度的控制与排湿方案，则要复杂得多。

1）酒店客房、办公室。按照目前国家标准、规范的要求，这些房间的人均新风量都要求在30m³/h以上。新风量与室内余湿排除新风量的需求是比较吻合的——当新风的送风含湿量 d_s 与室内含湿量 d_N 的差值 $\Delta d_s = (d_N - d_s)$ 为2.5～3.0g/kg时，新风量即可满足卫生要求，又能有效地去除室内余湿。

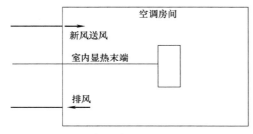

图 5.5-7 酒店客房、办公室的系统形式

因此人均最小风量要求在30m³/h以上的房间，温湿度独立控制系统的最佳方案是室内显热末端 + 新风直流排湿系统。方案的表现形式与常规系统差别不大，如图5.5-7所示。

2）会议室、商场、剧场、展览馆、交通等候厅等高密人群空间。

这类空间的人均最小新风量要求低于30m³/h，如果采用上述方案，则对新风的送风含湿量差 Δd_s 的要求，比酒店客房和办公室大一些，一般为3.5～4.5g/kg，这相当于新风处理设备的深度除湿要求。由于新风量及送风最低含湿量的限制，仅仅依靠新风对房间排湿还是能力有限。此类房间空调系统可以选以下几种方案。

A. 新风＋就地循环除湿设备＋室内显热末端。在按照最小新风量设计的同时，设置就地的循环排湿系统来补充直流排湿系统的能力不足，其中循环排湿设备可以设置于房间内，也可以设置在房间外的机房等空间，如图5.5-8所示。

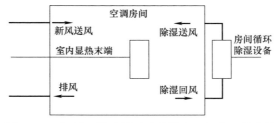

图 5.5-8 新风＋就地循环除湿设备＋室内显热末端

B. 一次回风系统＋室内显热末端。通过引入部分回风之后，空气处理机组的风量加大，在同样除湿要求下的送风含湿量差 Δd_s 要求减小；混风的含湿量低于新风，也使得机组对送风含湿量要求的满足能力加大。一次回风量的比例，以保证空气处理机组能够达

到处理含湿量差 Δd_s 为原则，如图 5.5-9 所示。

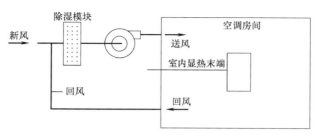

图 5.5-9　一次回风＋室内显热末端

C. 二次回风全空气系统。把方案 B 的室内显热末端从室内移到空气处理机组之中，并设置二次回风环路，就构成了二次回风全空气系统，如图 5.5-10 所示。

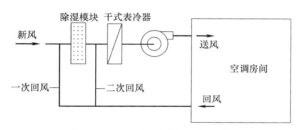

图 5.5-10　二次回风全空气系统

3）餐厅。餐厅热湿负荷的特点是除了人员散湿外，还有食物形成的散湿，但一般情况下，食物的散湿占房间余湿的比例并不大（约为人体散湿量的 10%～15%）。同时一般情况下餐厅允许的室内相对湿度会大于办公室和客房。餐厅的人均密度约为 2.5 人/m²，如果人均新风量与办公室、客房相同，使用直流系统就可以带走室内的余湿。因此这类系统采用直流排湿仍然是比较优化的方案。如不能满足要求则按前述第 2）类房间进行方案设计。

4）门厅、大厅及共享空间。这类房间的特点是空间高大、人员密度低，围护结构显热冷负荷面积指标相对较大，因此设计工况的热湿比较小，全年热湿比的变化也相对平缓。从目前情况看，这些房间都采用的是全空气空调系统。也可采用一次回风系统，如图 5.5-11 所示。

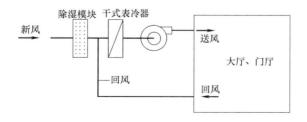

图 5.5-11　一次回风全空气系统

5）室内游泳池。与这类房间热湿负荷特点类似的还有：室内设置了较大的开敞式水面，或其他散湿源较大的房间。其特点是室内余湿负荷很大，设计工况下的热湿比较小。

通常来看，这类房间一般都采用全空气系统，且单一系统很难满足除湿负荷的需求。因此此类房间宜采用的方案是：增设循环除湿系统，见图 5.5-12。

图 5.5-12　室内游泳池使用的系统

6）档案馆库房。对于温湿度精度要求高的档案馆库房，其显热冷负荷相对稳定，室内余湿负荷主要是围护结构渗透传湿、极少量工作人员的散湿以及部分藏品的极少量散湿，因此其全年的热湿比变化是上述所有典型房间中最小的，一般来说采用常规空调系统（并配置适当的再热等湿度控制措施）即可满足要求。

采用了温湿度独立控制系统的多功能档案馆，供大量人员参观，其处理方式与图 5.5-9 和图 5.5-11 类似，但需要提高控制精度。

空气处理系统以空气质量传感器的参数为控制目标，按以下原则进行控制：

1）装修污染：材料和家具的污染释放量是主要控制因素，而通风换气是次要控制因素；

2）新风量：室内以人为主体，以人体释放 CO_2 浓度为控制参数，自动调整新风量；

3）加湿：以设定值为基础，当低于设定值时，打开加湿装置；

4）除湿：以设定值为基础，当高于设定值时，打开除湿功能；

5）净化：以 PM2.5 设定值为基础，当高于设定值时，打开第二级净化系统；

6）防止二次污染：对滤网使用时间和风机转速等进行监测，根据数值情况确定更换滤网的时间；

7）特定控制：在室内空气质量不佳时（如有异味），允许打开窗户通风。

新风机中增加热回收器可在室内外温度或含湿量相差较大的情况下回收显热和潜热，但同时也会增加系统阻力，导致风机功耗增加。热回收新风机的回收率是按室内外温度和含湿量相差较大时确定的，此时其回收热量/风机增加功耗这个值比较大，经济收益好。但如果新风机全年使用，很多时间参数的室内外数值相差很小，其回收的热量抵不上风机增加功耗，这时热回收就不经济了。

风机消耗的是能量，而热交换回收的是热量。从空调角度看，一份能量能转换成多份热量（或冷量），这个份数一般称为 COP，这个值为 2-3。对全年 8760h 都做回收效率分析，最后发现现有热回收新风机在全国大部分区域全年使用的总效益是负的，只有在严寒地区是正的。这个结论已经由多个研究团队采用不同研究结果证实。

热回收新风机送回风风机安装在一个设备内，管道安装也比较麻烦。如果节能效益不好，真不如将送风和回风管道分开来做，其通风换气效率可能会更好。因此目前国内很多住宅设计已经改变，采用风机多点各房间送风和卫生间、衣帽间等集中排风的双向新风系统，不再使用热回收器。

在北方地区，不采用热回收新风机可能存在另外的问题，室内送风口或管道可能会因过冷导致结露。因此，此时热回收新风机主要解决的已经不是热回收问题。但在严寒地区热交换器芯内部也可能会冻冰，也需要在设备和控制上采取相应措施。

新风管道的保温也是要注意的问题。前面介绍不带供冷的空气处理机的室内部分管道不需要做保温，但如果管道安装在室外或者是潮湿的空间（如卫生间上部等）时，就需要对管道进行保温。

空气处理系统原理如图5.5-13～图5.5-16所示。

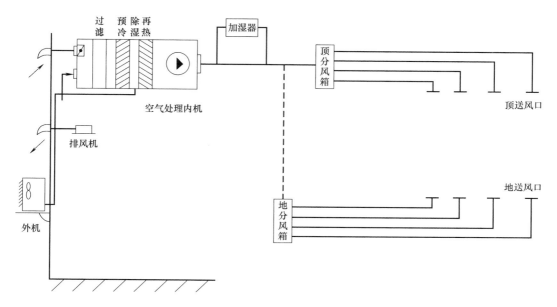

图 5.5-13　直膨式新风除湿机安装示意图

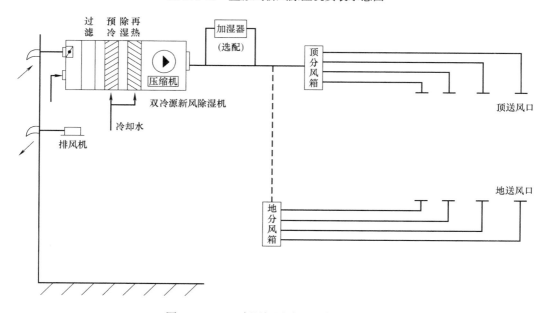

图 5.5-14　双冷源新风除湿机安装示意图

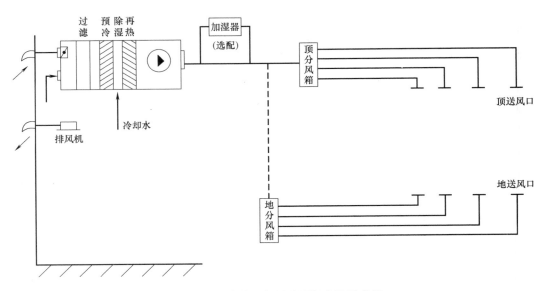

图 5.5-15　冷水型新风除湿机安装示意图

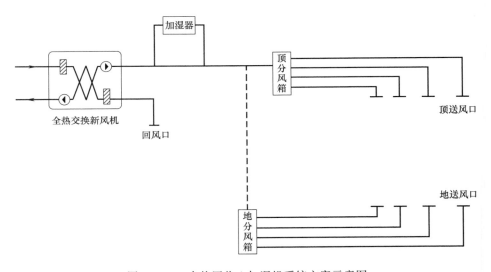

图 5.5-16　全热回收＋加湿机系统方案示意图

5.5.4　智能控制

温湿度独立控制系统有分别独立的温度控制系统和湿度控制系统。两个独立系统需要使用一个控制系统来实现独立和协同控制。以某系统为例进行控制需求的说明：

1）当室外温度低，但湿度较高时，可以单独运行新风除湿系统，满足建筑的新风和除湿处理要求。夏季需要严格保证室内没有结露现象发生，通常需要先开启新风除湿系统，通过室内的温湿度传感器检测室内的露点温度，当露点温度低于冷冻水供水温度时，启动干式风机盘管系统或辐射末端系统。

2）在实际应用中，特别是非全时段运行的建筑，需要提前将新风除湿机组打开。如办公楼，在夏季，若室外空气含湿量高于室内，空调系统关闭后由于渗透风、人员开窗等影响，室内含湿量就会升高；当再次打开空调系统时，室内含湿量对应的露点温度可能高于显热末端设备的表面温度，从而导致结露。因此，应提前开启新风除湿机，将干燥的新风送入室内用于排除由于渗风等带来的余湿，降低室内含湿量。

3）新风除湿机，其主要功能包括全热回收、制冷除湿和制热加湿。随着全年室外气象参数的变化，其运行模式也随之变化。在夏季高温潮湿的气象条件下，机组开启全热回收和制冷除湿功能，得到干燥低温的新风。在夏秋过渡季节，可以不需要开启制冷除湿功能，只要开启全热回收功能即可。在过渡季节的某个阶段，全热回收功能也不需要开启，直接开启通风模式即可。在冬季，则需要全热回收模式加制热加湿功能。在冬春过渡季节，只需要开启全热回收模式。由过渡季节再次进入夏季时，就又需要开启全热回收和制冷除湿功能。全年运行状态如此循环。

4）对于末端设备，如：干式风机盘管、辐射板、毛细管、冷梁等，其冷水环路均采用通断控制方式。由于房间末端设备数量众多，并且并联末端设备随房间负荷动态开关水路阀门，导致末端的总冷冻水"流量-负荷"特性向线性特性方向偏移。尤其是以自然对流或辐射为主的末端，其线性度优于强制对流末端。而对于新风除湿机而言，应采用连续调节控制方式，为了保持送风温度恒定，调节表冷器应采用电动调节阀以实时控制通过表冷器的冷水流量。

5）在实际运行过程中，通过室内的温湿度传感器等，在运行过程中不断监测辐射末端或空气换热区域的空气露点情况。当室内湿度出现较大的增加趋势，并预判有可能达到结露条件时，需要采取适当的控制措施：如加大风量，尽快排除该区域的余湿，降低空气露点温度，并使之低于辐射板表面温度；如提高辐射末端的供水温度，使辐射板表面温度高于露点温度，在极端情况时，需要停止供水，并加大除湿送风量，必要的时候应采取报警措施，通知管理人员采取适当的控制措施。

所有这些表明暖通空调需要一个功能强大的控制系统，第4章介绍的数字孪生技术就能满足其智能控制和云服务的所有需求。

5.6 细分技术和关键设备

由于采用了数字孪生技术，使得从实现方案目标开始，提出对控制技术、设备和控制部件的新要求，之后再采用软件进行整合，不断进行迭代，不断改进使用效果。图5.6-1给出了室内气候技术设计的各类要素，可以看出其具有极其丰富的技术内容，可以被各种不同解决方案的软件所包含，不断拓展使用领域，不断增加新内容，不断进步。

针对图5.6-1的20多种细分技术介绍如下：

• 气候分析：暖通空调的冷热设计需要的是室外极端条件参数，而舒适和健康需要的是气候的全年变化情况。因此需要掌握当地气象数据特点、确定室内气候对策和设计指标值，不仅包括室外温度，还包括露点温度（含湿量）、太阳辐射量（直射和散射）等。

两个城市的气候特征不一样，其室内气候对应策略也不一样。地区气候特征如：梅雨天、回南天、桑拿天等都需要制定专门的对应策略。

• 场景分析：冷热是实时时间维度，舒适是小时到全天的时间维度，健康是从周到

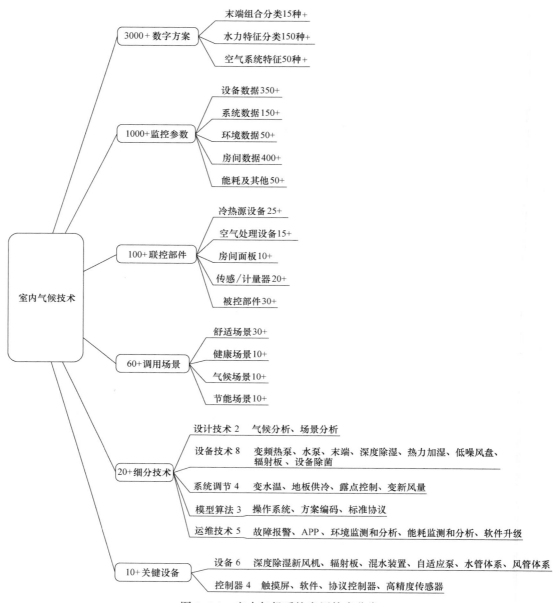

图 5.6-1　室内气候系统实用技术分类

年的时间维度，而运维则是整个生命周期时间维度。对舒适、健康和运维的评价大部分取决于人为因素，因此需要用户提供场景描述，由专业人员进行技术分析，给出对应方案（含一般和关键设备、精细技术、监控参数），再提出控制模型和算法，编制软件实现场景要求。

场景分析涉及多学科，特别是生理和心理学知识。

• 变频热泵：由于供冷热量随负荷变化，热泵空调自我调节使系统运行更稳定。变频热泵还可以控制启动和关闭过程，降低运行噪声。但热泵的供水温度需要根据系统要求来调整，这样才能更好地提高热泵的使用效率。因此热泵需要有通信接口，上传自身数据并接受上位机的控制命令。

- 直流风盘：直流电机可以提高节能水平。但最大的好处是可以无级调速，改变供冷供热量并降低运行噪声。风量的连续调节可以使室内温度更稳定。

- 深度除湿：在温度和湿度独立控制的情况下，除湿与新风共用一个系统，受到空间尺寸和节能的限制，新风量不能过大，因此要求"深度"除湿。

中国城市室外含湿量大于欧洲，进口的除湿机除湿能力不足，需要使用"深度除湿"产品。

- 热力加湿：在集中供热区或其他区地板供热时，室内湿度可能会达不到舒适健康要求。因此需要以热量为动力进行加湿，这样可以降低能耗。

- 自适应水泵：输配系统的流量是变化的，既需要保证每个末端的流量保持不变，又要减少水泵能耗。自适应水泵是保持扬程不变，流量可调的变频泵。其具有安全、节能的特点。

- 顶棚辐射冷热：顶棚辐射供冷可稳定室内温度。但需要精准控制和深度除湿保证。顶棚辐射供冷要选择合适的技术，避免表面和内部发霉、结露。

- 低噪声设备：很多安装在室内的设备、部件都有低噪声要求。但每种设备和部件的控制方式不同，应以实际使用效果为考核标准，以实验室数据为辅助。

- 设备除菌：新风机内部和过滤网上会有灰尘积聚，可能会成为细菌、病毒生长的温床。因此需要采用相应的措施，避免细菌和病毒外漏，避免产生二次污染。

- 变水温控制：热泵空调可以通过变水温方式调节输出冷热量。末端也可以通过变水温来改变供冷供热量。变水温控制比开关控制能更精准地保持室内温度稳定。而热泵空调变水温还可以提高能效比，降低能耗。

- 地板供冷：地板供冷可以增加室内温度的稳定性，特别是降低太阳辐射引起的室内温度波动。但地板供冷也有副作用，要避免腿部过冷不舒适及家具底部出现发霉情况。

- 变风量控制：当室内人员减少、除湿要求降低时，可以减小风量，既保证空气质量又降低能耗。

- 操作系统：计算机直接控制暖通设备很麻烦，而操作系统有相应的规则和处理方式，把暖通系统特征和设备参数都数字化，就可以让程序自动监控相关设备和系统。

- 系统数字编码：暖通系统设计确定冷热源主机、末端、管道和关键部件、控制器之间的逻辑和控制关系。这些关系被绘制在系统图和控制图上，也可以建立规则由数字编码表示。系统数字编码输入计算机软件后，即可实现智能控制。

- 标准协议：计算机通过通信接口读写设备存储器的数据，标准协议确定设备每个参数的存储位置、格式等内容。不同品牌设备的参数各不相同，只有转换成标准协议才能与软件数据交互。

- 热泵监测：热泵运行参数和故障报警信息的实时处理。分为本地计算机和云平台处理两部分。

- APP：移动端应用软件与云平台进行数据交互，可以查询和控制室内气候系统。

- 环境监测和分析：冷热、舒适和健康效果需要监测不同时间维度的参数，这些参数来源于本地计算机和云平台。

- 能耗监测和分析：采集电表的实时和累计数据，对能耗进行监测和分析。可以通过分析给出节能运行新方案。

• 软件远程升级：在实际使用中，会发现有些控制还不够精准，或者需要增加新功能，这需要对软件进行更新，更新后通过云平台和网络对本地计算机上的软件进行升级。

由于有了数字孪生技术的支持，新产品的开发速度加快了许多。之前许多需要实验室验证的功能现在可以在实际场景中进行验证及不断迭代改进，并可以由上到下提出新产品、新控制的开发任务书。在此背景下，一些新产品快速涌现，性能和质量快速提升。

• 深度除湿新风机：针对中国气候研发，出风口含湿量低、含湿量稳定、可在冬季除湿、除湿效率高。多种规格型号供选，也可提供非标产品。在直膨式新风除湿机的基础上，又开发出双冷源新风除湿机和冷水型新风除湿机等新产品。

• 热力加湿机：把空气加热后再通过湿膜加湿，自带风机，不增加管道阻力。使用集中供热热水做能量，加湿成本低。

• 高精度传感器和控制器：以前温湿度传感器和控制器只是本地使用，不需要做数据统计和分析处理，因此无须更高精度。而用于采集、记录和处理数据的传感器则需要更高的精度和稳定性，这就需要寻找新的供应商来满足需求。

• 协议控制器：不同品牌设备使用不同协议，通过协议转换器转成标准协议实现计算机数据读写，并统一数据格式以便今后云端进行数据管理。

本章参考文献

[1] 符永正. 供暖空调水系统稳定性及输配节能［M］. 北京：中国建筑工业出版社，2014.
[2] 刘晓华，张涛，周翔，唐海达. 辐射供冷［M］. 北京：中国建筑工业出版社，2019.
[3] Jan Babiak，Bjarne W. Olesen. 低温热水/高温冷水辐射供暖供冷系统［M］. 中国建筑学会暖通空调分会组织编译. 北京：中国建筑工业出版社，2103.
[4] 潘云刚，刘晓华，徐稳龙. 温湿度独立控制（THIC）空调系统设计指南［M］. 北京：中国建筑工业出版社，2016.
[5] 内部资料. 智能四恒技术资料（第3版）. 2018.
[6] 内部资料. 两联供工艺材料体系. 2020.

第 6 章

室内气候系统设计和施工

6.1 室内气候技术内容与步骤

本书所涉及的室内气候技术是一个体系，这个体系有两大特点：①多学科技术融合，可以提供不同技术层面，针对设备，系统和用户的各种技术方案；②引入数字信息技术，数字孪生将实体系统转化为虚拟系统以实现数字化，并最终融入互联网体系。

室内气候解决方案分为四个等级：设备级（L1）、系统级（L2）、舒适级（L3、智能三恒）和体验级（L4、智能四恒），首先要确定用户的需求属于哪个等级，应按方案等级进行对应设计，其内容详见前面章节内容。L3/L4 需要建立以用户为中心的设计流程，是一套严谨的技术体系，可按图 6.1-1 所示步骤进行解决方案的设计和实施。

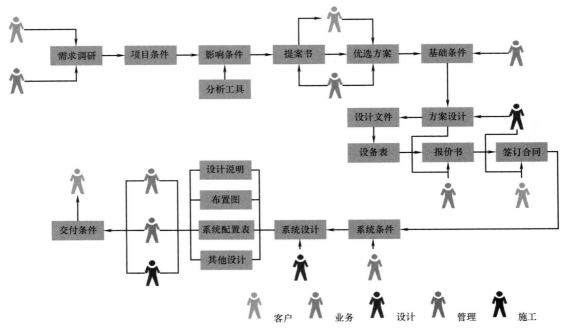

图 6.1-1　室内气候解决方案设计和实施步骤

室内气候的设计分为方案设计和系统设计两个阶段，前者在合同前完成，后者在施工前完成。系统设计完成后进入实施阶段。方案设计和系统设计的内容如图 6.1-2 和图 6.1-3 所示。

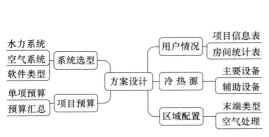

图 6.1-2　室内气候方案设计内容

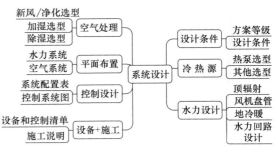

图 6.1-3　室内气候系统设计内容

不同解决方案对应的应用软件和配置范围不同。图 6.1-4 为智能三恒北方版的系统配置范围。

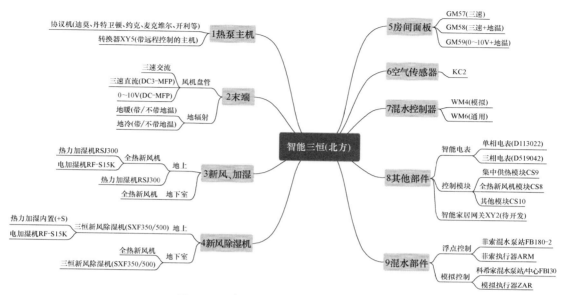

图 6.1-4　智能三恒北方版系统配置范围

在数字孪生技术的支持下，室内气候技术实现全生命周期管理和服务。其技术架构可分为 6 个部分，是一个整体，必须全套使用而不能部分使用。一开始就要使用，而不能在流程中间再使用。其 6 部分名称及对应内容如图 6.1-5 所示。

用户需求：把用户需求分为设备、系统、舒适和体验四个层级；

解决方案：根据用户需求确定解决方案；

数字搭建：确定暖通系统实体系统后，将其数字化；

暖通设计：设备、末端和管道的选型；

项目实施：对施工和验收进行质量管理；

运维服务：采用云运维服务及时改进用户体验。

某别墅项目位于上海，经交流后确定如下用户需求：①全年四季使用，采用热泵作为冷热源，在室外最高/低气温时保证室内设计温度；②要求保证冷暖设计温度，全年除湿保证湿度不超标；③智能一键控制，屏幕上能看到室内各房间温湿度实际数据，可以手机控制；

图 6.1-5　室内气候技术全周期管理服务

④卧室使用辐射空调，没有运行噪声、没有气流吹人感；⑤冬季，地暖要保证地面温度，不要出现地面冷的情况；⑥能记录每日能耗数据，统计出全年能耗；⑦小的售后服务问题可远程网络解决，减少上门次数；⑧控制屏、房间面板和控制软件可以用新产品替换老产品，提升性能；⑨根据家里不同成员的使

用反馈提供不同的控制参数。

采用室内气候分级工具进行分析得到如下结果：

L1 设备级：①热泵主机选择要有富余量，要考虑最恶劣气候的影响；②配置新风除湿机，满足全年除湿需求；③智能控制系统，集成控制界面、数据曲线显示、运行数据显示和设备参数设置、故障报警和提醒、远程控制接口；④手机能远程控制系统。

L2 系统级：①根据气候区特点，提出温湿度独立控制方案；②提出每个房间的温湿度控制范围；③新风量要满足暖通空调设计标准要求。

L3 舒适级：①卧室等区域按舒适度做设计，使用石膏面辐射板，要做露点监控；②夏季室内要求达到湿舒适指标（露点温度小于16℃）；③解决地暖供暖期间的地面温度忽高忽低问题。

L4 体验级：①设备中采用变频压缩机、变频风机、变频水泵增加系统调节性；②每个房间都允许按舒适度调节温度、允许开窗；③云平台在智能屏联网条件下实现远程查找故障，并能消除小故障；④控制软件迭代升级，新控制产品兼容老控制产品可替换；⑤优化调节设备和系统，每年能耗数据可适当下降；⑥根据用户体验内容改进控制算法加到新版软件，不断改进用户体验。

解决方案设计中包括功能设计（房间配置冷热末端、空气处理功能）、水力方案（单台还是多台主机、有否辅助热源、水力系统特点等）、空气品质方案（不同分区的空气处理功能要求）和控制方案四部分。方案明确了所使用的暖通设备种类、控制部件种类、控制软件种类（图 6.1-6），在此基础上进行虚拟系统搭建，搭建的同时也提出了实体的系统原理图。

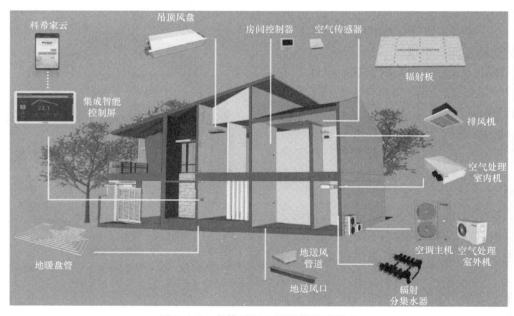

图 6.1-6　实体暖通空调系统组成部分

数字搭建是在解决方案的基础上，规划好入网设备、关键设备、精准技术和监控参数，选择软件类型，最后完成系统编码表。虚拟系统编码表与实体暖通空调系统是双向唯一映射（图 6.1-7），数字搭建所使用的技术就是数字孪生，也是在实体系统和虚拟系统之间转变的技术。今后精准控制、人机交互、人工智能的工作都交给数字技术去处理，这样就实现了暖通空调系统的数字化。室内气候系统今后有巨大的发展空间。

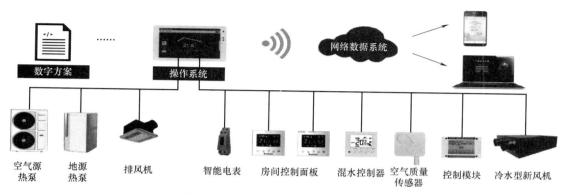

图 6.1-7 虚拟与实体系统之间的映射

6.2 室内气候系统设计条件

室内气候解决方案分为方案设计和系统设计两部分，方案设计主要确定用户需求的等级和各个区域的末端和空气处理配置，对几个可行方案进行技术经济性比较最后确定方案，之后再进行系统设计。

在进行方案设计时，需要确定当地气象特点与用户需求之间的关系，并对方案的可达性进行审核（第 2 章），这项工作俗称为"气候分区"。除此之外还要对所有房间的使用特性、配置和控制进行审核，看是否可以匹配，这项工作俗称为"动静分区"。

气候分区大致可以采用《民用建筑热工设计规范》GB 50176 的分类法，但是由于这个分类法是按气候温度指标划分的，在不同气候分区界线附近还需要进行气候特征比较，再确定按哪个气候区做方案更合适。比如，桂林虽然被划分到夏热冬冷区，但其距离夏热冬暖区划线很近，做气候特征对比（图 6.2-1）发现，其需要除湿的时间要比夏热冬冷区城市（重庆、宜宾）长，因此最好还是使用夏热冬暖区的全年除湿解决方案。

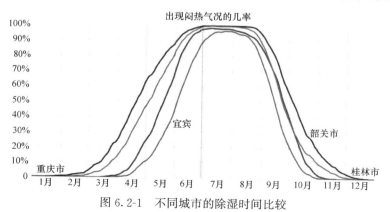

图 6.2-1 不同城市的除湿时间比较

不同功能房间应该使用不同类型的末端或末端组合才能更好地实现各种设计目标要求，应根据不同房间的使用特点进行分类，并对应不同的暖通空调措施，这个工作也被简称为"动静分区"，其具体内容参见表 6.2-1。

按房间使用特点分类　　　　　　　　　　　　　　　表 6.2-1

	名称	特点	对策
静区	卧室、客厅、书房、办公区、茶室、冥想室	高舒适、低噪声、低气流	辐射面积比例、深度除湿、超静音风盘
动区	餐厅、健身房、会议室	温度调节速度	风口吹风方向
	大客厅	多种使用场景	多种末端组合
	高大客厅	阳光辐射大	静音措施＋地板供冷＋地板对流器
过渡区	玄关、走廊、楼梯间、户内阳台	空调吹风、湿度控制、避免问题	湿度智能控制
功能区	厨房	间断性使用	风口位置、防油污
	卫生间	排风、冬季供暖	加强供热、连续排风
	洗衣间、设备间	避免问题	个案对策
	一般地下室	避免发霉	外墙内侧和地面温控，按露点除湿
	影音室	温湿度调节、超低噪声	特殊设备
	吸烟区	空气重污染	配大净化器，允许开窗，允许温湿度波动大

除对功能房间进行"动静分区"外，每个房间还可按《民用建筑供暖通风与空气调节设计规范》GB 40736 及 ISO7730 标准进行分级。前者室内设计条件分为两级（Ⅰ级和Ⅱ级），而后者分为 A、B、C 三级。前者中的Ⅰ级和Ⅱ级约等于后者的 B、C 级，也就是说要达到更高设计条件，要使用 ISO7730 标准。表 6.2-2 为 A、B、C 三级标准的设计条件，更多内容可见第 3.2.2 节。

ISO7730 不同室内热舒适等级的设计条件　　　　　　表 6.2-2

等级	人体的整体热状态		局部热不舒适			
			吹风不适率（%）	热不满意率（%）		
	PPD（%）	PMV		热辐射不对称	垂直温度	冷热地板
A	<6	−0.2<PMV<0.2	<10	<3	<10	<5
B	<10	−0.5<PMV<0.5	<20	<5	<10	<5
C	<15	−0.7<PMV<0.7	<30	<10	<15	<10

表 6.2-3 为不同房间不同设计等级时操作温度和风速的控制范围。

下面是一个 L4 级室内气候解决方案的设计条件，供实际使用参考。其中表 6.2-4 是设备选型要求；表 6.2-5 是暖通空调系统设计条件；表 6.2-6 是舒适性设计条件；表 6.2-7 是体验性设计条件，这里列出的都是经验性归纳，实际运维中用户会提出更详细的要求。

不同房间不同设计等级操作温度及风速条件　　　　　　　表 6.2-3

建筑/空间类型	活动水平	等级	体感温度(℃)		最大平均空气流速(m/s)	
			夏季(供冷)	冬季(供热)	夏季	冬季
办公室、会议室、教室、客厅	70	A	24.5±1.0	22.0±1.0	0.12	0.10
		B	24.5±1.5	22.0±2.0	0.19	0.16
		C	24.5±2.5	22.0±3.0	0.24	0.21
幼儿园	81	A	24.5±1.0	22.0±1.0	0.11	0.10
		B	24.5±2.0	22.0±2.5	0.18	0.15
		C	24.5±2.5	22.0±3.5	0.23	0.19
购物商场	9	A	24.5±1.0	22.0±1.5	0.16	0.13
		B	24.5±2.0	22.0±3.0	0.20	0.15
		C	24.5±3.0	22.0±4.0	0.23	0.18

设备选型要求　　　　　　　表 6.2-4

设备	性能	设计指标	设计说明
热泵主机	调节性	变频	压缩机、水泵、风机
	节能性	COP	一级能效
	运行噪声	dBA	比较数值、实机体验
	低温和化霜性能		网络口碑
冷水除湿机	出风含湿量	≤9g/kg	行业标准
	除湿出风温度	≥14℃	行业标准
	单位能耗除湿量	≥2kg/kWh	行业标准
热力加湿	饱和加湿效率	≥60%	行业标准
全热新风	热回收率	≥70%	制热显热回收
风机盘管	调节性	直流变频	节能和低噪声
排风机	调节性	直流变频	节能和低噪声

暖通空调系统设计条件　　　　　　　表 6.2-5

参数	性能	设计指标	设计说明
温度	供热	20～22℃	GB 50736 第 3 章
湿度	供热	≥30%	
风速	供热	≤0.2m/s	
温度	供冷	24～26℃	
湿度	供冷	≤65%	
风速	供冷	≤0.25m/s	
新风量	换气次数	≥0.5/h	
水力系统	回差、能耗等	条文	GB 50736 第 8.5 节
控制系统	检测监测计量	条文	GB 50736 第 9.4、9.5 节

舒适性设计条件 表6.2-6

参数	性能	设计指标	设计说明
使用特征	连续性	连续/间歇	空气处理全年运行
温度波动	供冷	±1℃	ISO7730
温度波动	供热	±1.5℃	ISO7730
CO_2	日均浓度	≤800ppm	GB/T 18883
PM2.5	日均浓度	≤35ug/m³	GB 3095
噪声	日/昼	≤37/45dBA	GB 50096
湿舒适	露点温度	≤18℃	夏季
温度	地面温度	≥23℃	GB 50176 冬季

体验性设计条件 表6.2-7

分类	用户诉求	预备对策
热舒适	地面温度不舒适	地面温度探头、地温控制
	太阳直射温升太高	地冷或地风盘
	不同人员反馈不同	多末端选用
湿舒适	感觉闷	露点温度过高或新风不足,变频调节
声舒适	有噪声睡不好	安装时噪声调试,调整运行风量
地下室	潮湿异味问题	全年露点控制、供热延期
控制界面	逻辑不合理	软件升级
	功能不足	改进算法、增加接入、软件升级
控制面板	面板不好看、不协调	开发通用、可更换面板
运维服务	运行好像有问题	远程查看、修改设置

6.3 室内气候系统施工和验收

1. 新暖通设计

暖通空调设计就是在已知系统原理图的基础上通过计算对末端、主机、空气处理设备、管道、管道部件等进行选型,并在此基础上完成预算书和设计图纸等工作内容。系统设计从系统原理图开始,其包括:风机盘管选型、地板辐射选型、主机选型、回路确定、水力部件选型、新风主机选型、管道选型等;选型结束后绘制设备布置图,包括每层的顶层布置(风机盘管)、地面布置(地板冷暖辐射)、空品系统设计、控制点位图、控制接线图等;再根据需要整理出设备和材料表、报价表等;最后完成设计图纸和安装说明书。

2. 项目实施

项目实施控制点是工程质量,因此需要对设计和施工过程进行有效的质量管理,及对相关人员进行技术培训。

室内气候系统的施工和验收可分为空调系统、地面辐射、辐射板安装、空气质量系统、控制和电气等五个部分。针对家用和小型商用两联供系统的施工和验收,参照相关国家标准和实践经验提出相应技术规范。

3. 运维服务

用户有多个查看和控制界面:房间面板、智能屏、手机。需要做人机交互设计,让用户使用更加智能、便利。用数字化实现运维服务,实现全生命周期数据监测、评估和改进,软件迭代升级,如图6.3-1所示。

用计算机作上位控制机,在人机交互界面可以设置多种参数(图6.3-2),使系统运行的效果更好、控制更精准、能耗更低、使用更方便。

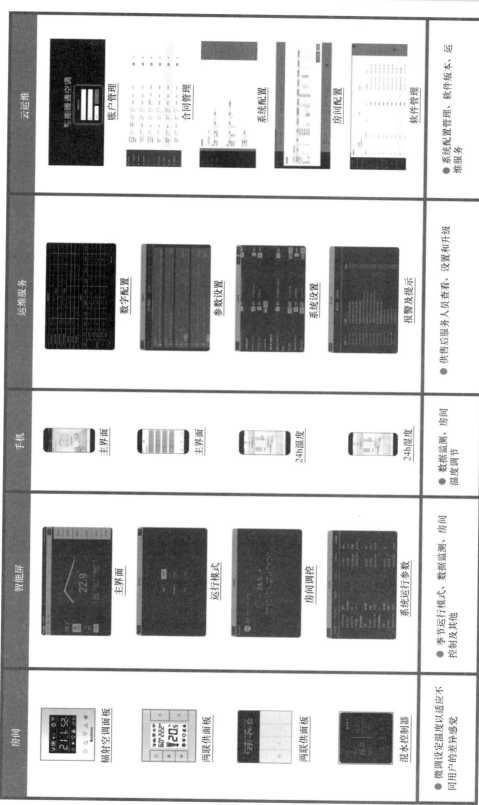

图 6.3-1　实现数字化运维服务

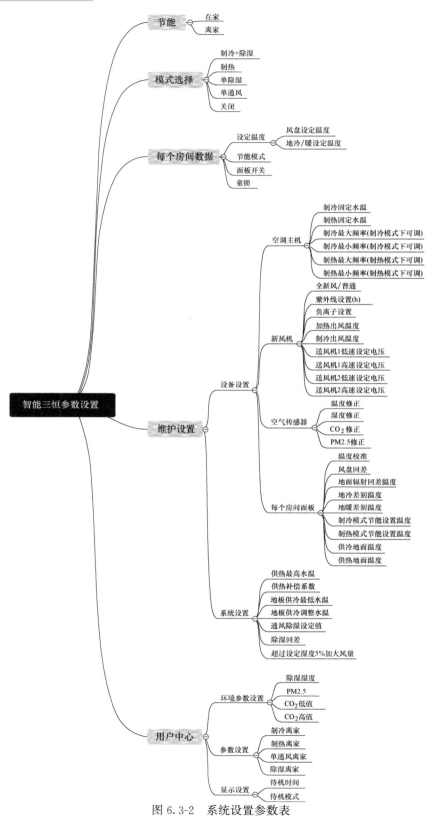

图 6.3-2　系统设置参数表

以不带辐射版的智能三恒系统（L3 级）为例，其施工和验收要求如表 6.3-1 所示。

智能三恒系统工程施工工序一般为：①查看现场，技术交底，设备定位；②吊装风盘、空气处理机，墙面开槽、开孔；③做主管道，安装分集水器；④控制部分接线；⑤铺设地风管，地面盘管施工；⑥管道打压、保压；⑦主机安装，单机调试；⑧安装面板，系统调试验收。

智能三恒系统工程验收有 3 个重要的节点需要填写验收表作为交付文件：①隐蔽工程（含噪声测试）；②试压保压记录；③试运行调试。

智能三恒系统施工和验收要求

表 6.3-1

工序	内容	要点	备注
定位	设备定位,管道走向,面板定位,配置复核,与装修公司进行沟通协调		
吊装风盘	按设计施工	与主管道连接需采用柔性管道	
吊装空气处理机	设备安装位置远离卧室书房	安装在湿度可控区;如果安装在湿度不控区,要做好保温工作;进风口选择安全第一,远离废气和污染物排放区	
开槽打孔	过梁打孔避开钢筋,根据梁的尺寸确定开孔的尺寸,尽量避免开横向槽	室外孔洞向外要有 15° 倾斜,避免雨水侵入	
水系统管道	管道吊架间距根据管材决定,并避免集气弯	过梁穿墙部分要用柔性材料封堵。超过一定长度范围的管道要加装膨胀节	
分集水器	安装位置应方便以后保养检修,预留电源	带混水的集水器避免装在卧室内	
控制接线	RS485 接线采用手拉手的连接方式,必须采用 RVSP 屏蔽双绞线,线径 0.75mm^2	强电与弱电分管布线	
风管	根据规范给出的风管风量标准进行施工	根据规范对新风管道降噪连接方式进行施工	
地暖盘管	根据设计的管径和管间距进行铺设	管道弯曲要自然,弯曲半径是管道外径的 8 倍	隐蔽工程结束,按照科希家室内气候安装和施工规程之室内气候系统隐蔽工程验收表逐一检查
管道打压、保压	水压试验压力应为工作压力的 1.5 倍,且不应小于 0.6MPa。在试验压力下,稳压 1h,其压力降不应大于 0.06MPa,且不渗不漏。系统含气较多会造成压力降增大	尽量排除管道内的空气。冬季试压压注意防冻,可以采用压缩空气试压	保压试压按照室内气候系统试压保压记录表规范进行,并做文字和图片记录
风系统单机调试	隐蔽工程结束前,设备通过手操器进行内机单独开机测试	对不符合要求的进行改正直到符合要求为止	隐蔽工程结束之前进行风量和噪声测试。利用测试屏和专业工具进行

续表

工序	内容	要点	备注
主机安装	主机安装要注意通风处理和噪声处理		
安装面板,风口	安装面板风口要注意清洁和美观		
系统调试验收	系统调试之前,确认强弱电是否正常,水路和风路是否正常	用专业仪器测量数据与主控屏的数据进行对比修正。指导客户操作面板,交代注意事项	调试运行按照室内气候系统试运行调试表的要求,先检查后开机,并设置和测试各种运行参数,根据情况进行调整。并且记录工作参数

本章参考文献

［1］　内部资料. 智能暖通空调安装与施工规范. Q/KXJ01-2019.
［2］　内部资料. 室内气候设计技术规程. 2021.
［3］　内部资料. 室内气候运维管理手册. 2021.

第 7 章

室内气候解决方案案例

本章通过室内气候 L3 级（智能三恒）和 L4 级（智能四恒）的 4 个案例介绍室内气候系统的设计和实施流程。

7.1 智能三恒系统无锡案例

1. 项目概况

位于江苏省无锡市的某项目，独栋别墅，地下一层、地上三层。空调系统配置面积：445m²。围护结构保温符合国家夏热冬冷地区居住建筑节能规范，窗户玻璃采用双层平推中空玻璃，无外遮阳。动力电为三相 380V。

2. 当地气候特点介绍

无锡市处于夏热冬冷地区。长江流域的黄梅天在每年 6 月上旬开始出现，持续天阴有雨，空气湿度大、气温高、衣物等容易发霉，闷热、难受、体感差。在连绵多雨的梅雨季过后，直接进入炎热的三伏天。炎热季节持续 3~4 个月，日平均最高温度超过 28℃。寒冷季节持续 3 个月左右，从 12 月初到次年 3 月初，日平均最高温度低于 12℃。一年中较闷热的阶段持续 4.5 个月左右，从 5 月下旬到 10 月上旬，在此阶段每天出现闷热、压抑或难受的时间概率至少为 25%。年需要供暖的时间约为 2452h；年供冷的时间约为 1482h；年加湿的时间约为 1482h；年除湿时间约为 3037h。需要除湿时间比需要供冷时间多出 1 倍以上，也就是说当地需要一个能独立运行的除湿系统。

图 7.1-1 为当地气候全年小时温度分布，表示室外天气的冷热程度，其中阴影表示太阳升起前和落山后的时间。图 7.1-2 为当地气候全年露点温度分布，以露点温度表示室外气候的湿感觉。

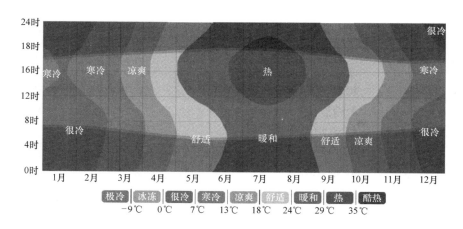

图 7.1-1　无锡全年室外气温分布图

3. 设计方案

经与用户交流，确认其主要需求如下：

①在两联供（风盘供冷、地板供热）的基础上增加除湿功能，但不配置加湿功能；②要求智能控制、一键设置自动运行；要求能看到温湿度数据和能耗数据的实时值；③注重低噪声，特别是要降低卧室的设备运行噪声；④要求降低运行能耗，冬季供暖全天开

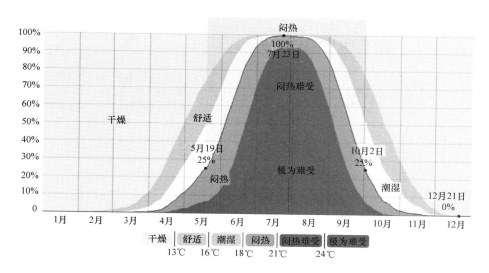

图 7.1-2　无锡全年室外露点温度概率图

机，在保证室内温度 20～21℃ 的基础上，每年 1～2 月每月每平方米电费不超过 5 元（10kWh）；⑤夏季建筑内门窗可任意开启，不会出现顶棚和墙壁结露、发霉的情况。室内末端可随时开启关闭；⑥售后服务要有保障，杜绝多次上门维修同一故障的情况。

　　根据上述诉求，先确定设计条件，如表 7.1-1 所示。

室内环境设计条件　　　　　　　　　　　　　　　　　　　表 7.1-1

室内气候分类	两联供（参考）	智能三恒
冬季温度	18～22℃	20～24℃
冬季湿度	—	＞30%（配加湿后）
夏季温度	24～28℃	24～26℃
夏季湿度	—	＜65%
舒适度	不评价	国家标准Ⅰ级
使用末端	风机盘管、地暖	风机盘管、地暖、地冷（选配）
新风功能	另配，换气次数 0.5 次	换气次数 1 次
空气质量（CO_2）	1000ppm	1000ppm
空气质量（PM2.5 浓度）	不详	＜75$\mu g/m^3$

　　智能三恒系统在两联供的基础上增加新风除湿设备、智能控制系统，组成部分：冷热源（热泵主机）、末端、水力管道输配系统、新风设备及管道系统、控制系统。智能三恒系统中包括空调主机（协议型）、冷水型新风除湿机、风机盘管（风盘）、地板供暖、地板供冷（选配）等设备部分，以及智能屏、房间面板、空气传感器、混水控制器（与地冷同用）等控制部分。其原理如图 7.1-3 所示。

　　控制部分选用智能屏（含控制软件）、房间面板（风盘、地面辐射双参数控制）、空气质量传感器（湿度、CO_2 和 PM2.5 实时数据）和混水控制器（地冷时使用），其外观如图 7.1-4 所示。

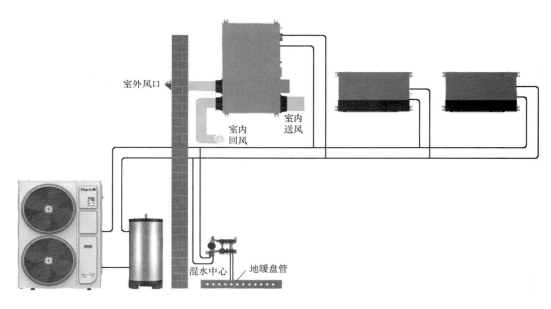

室外风口

室内
回风

室内
送风

混水中心　地暖盘管

图 7.1-3　智能三恒系统示意图

图 7.1-4　控制部件图

　　方案中采用冷水型新风除湿机，与双冷源机型相比，取消了压缩机，因此消除了压缩机运行的低频噪声，也降低了故障概率；另因其无须对压缩机进行冷却，减少了冷量消耗，提高了除湿能力。设备配有全新风功能及紫外线杀菌部件，提升了设备的健康保障水平。表 7.1-2 为冷水型新风除湿机的性能指标。

冷水型新风除湿机技术指标　　　　　　　　　　　　　　表 7.1-2

产品	冷水型新风除湿机	
设备型号	LXF350	LXF500
额定风量（m³/h）	350	500
新风量（m³/h）	0～300	0～450
额定余压（Pa）	120	150
内机噪声（dBA）	41	43
额定除湿量（kg/h）	3.4	4.7
电源	220V/50Hz	
额定功率	0.13kW	0.17kW

电源	220V/50Hz	
进冷水温度(℃)	6~11	6~11
进热水温度(℃)	40	40
额定水流量(m³/h)	0.6	0.84
水阻力(kPa)	36	39
水管接口	ZG3/4″	ZG3/4″
排水水泵	标配	标配
过滤网	G4/F9	
内机尺寸(mm)	1100×650×280	1160×725×305
内机净重(kg)	53	62

4. 房间配置

房间配置情况见表 7.1-3 所示。

房间配置表　　　　　　　　　　　　　　　　　　　　　　表 7.1-3

项目类别	配置区域
风盘＋地暖	地下室:保姆房、品茗区、影视厅、水吧区、棋牌室＋健身区; 一层:会客区、餐厅、厨房; 二层:主卧、南次卧、家庭厅、衣帽间、北次卧; 三层:主卧、化妆间、起居室、书房、次卧
顶送新风除湿	地下室:保姆房、品茗区、影视厅、水吧区、棋牌室＋健身区; 一层:会客区; 二层:主卧、南次卧、家庭厅、衣帽间、北次卧; 三层:主卧、化妆间、起居室、书房、次卧
卫生间排风	按智能三恒系统(长江版)规范
智能控制	智能三恒系统(长江版)软件

5. 系统原理

水力系统和空气处理系统的原理图如图 7.1-5 和图 7.1-6 所示。

6. 设备和主要材料清单

设备和主要材料清单如表 7.1-4 所示。

设备和主要材料清单　　　　　　　　　　　　　　　　　表 7.1-4

配置名称	规格/型号	技术参数	单位	数量
空气源热泵	TAWC25	$Q=25kW$　$N=8.2kW$	台	2
自适应水泵	UPMII32-110	$L=10m^3/h, H=10.5m$	台	2
缓冲水箱	300L		个	1
冷水新风除湿机	LXF500	$L=500m^3/h, G=4.7kg/h$	台	2
智能屏	7寸触摸式	安卓操作系统	个	1
房间面板	GM57	三速、地面阀门输出	个	20
空气传感器	KC2	温度、湿度、PM2.5、CO_2	个	2

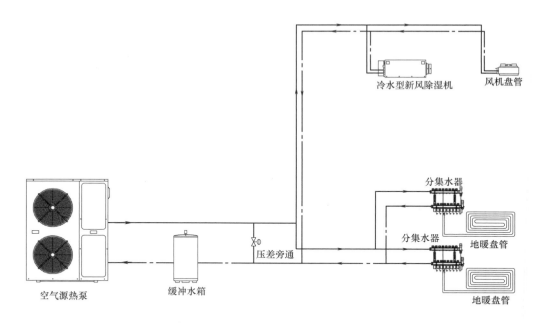

图 7.1-5　水力系统原理图

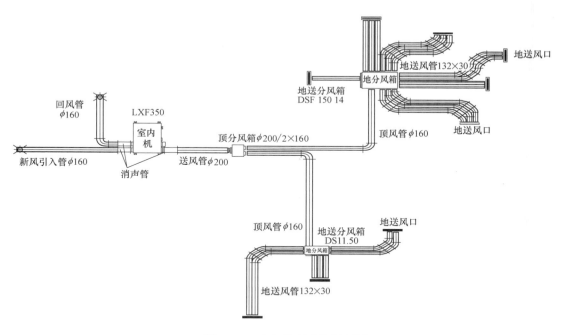

图 7.1-6　空气处理系统原理图

7. 控制屏界面

图 7.1-7～图 7.1-11 为智能屏主界面、模式设置界面、房间控制界面、房间温度记录界面和设备运行数据界面的截图。由软件进行控制可以大大提高系统运行的精准度、降低运行能耗。

图 7.1-7　智能屏主界面

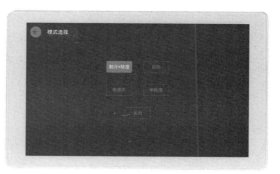

图 7.1-8　模式设置界面

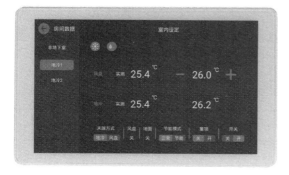

图 7.1-9　房间控制界面

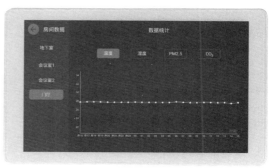

图 7.1-10　房间温度记录界面

图 7.1-11　设备运行数据界面

7.2　智能四恒系统北京案例

1. 项目概况及用户需求

本项目位于北京市西城区，为某大型国企的人才培训中心场地。建筑共六层，本项目位于一层，外观如图 7.2-1 所示，本项目建筑基本情况见表 7.2-1 所列。

图 7.2-1　项目建筑外观

项目概况 表 7. 2-1

项目		基本信息
建筑信息		350m², 平层, 层高 3.8m, 混凝土结构
建筑气候区		寒冷区, 集中供暖
包含房间类型	静区	大厅＋酒店房＋公寓房＋老人房
	动区	门厅
门窗情况		双层平推真空玻璃
能源条件		220V/380V
环境目标		高舒适
使用类型		接待贵宾、办公
常驻人数		7～8
暖通空调类型		智能四恒系统
运维服务		全生命周期

　　用户需求：实现室内四季相对恒温：冬季 22～24℃、夏季 24～26℃，四季相对湿度保持在 40%～60%、PM2.5 控制、CO_2 浓度控制、异味控制、静音、无吹风感、冬季自动切换到集中供暖、一键操作、手机 APP 智能控制、设备运行能耗统计。

　　2. 当地气候特点介绍

　　北京属于寒冷地区，春季昼夜温差大，干旱多风沙；夏季酷暑暴雨期集中，有桑拿天；秋季秋高气爽舒适却短暂；冬季漫漫长夜非常冷，北风呼啸天气干。夏季 7 月底至 8 月初约有 20d 连续降雨，湿度很高，体感像桑拿一样又热又湿极不舒适。冬季集中供暖从 11 月 15 日至次年 3 月 15 日，但在供暖前及供暖结束后往往还有寒潮，许多人容易感冒。炎热季节持续约 4.4 个月，从 5 月初到 9 月下旬。一年中较闷热（湿度高）的阶段持续约 3 个月，从 6 月中旬到 9 月上旬，在此阶段出现闷热、压抑或难受等湿度不适的概率为 22% 以上。北京年供热时间约 3641h；年供冷时间约 1184h；年加湿时间约 4123h；年除湿时间约 1529h。北京的年加湿时间略长于供热时间。全国包括北京在内的 4 个城市的上述 4 个时段的对比如图 7.2-2 所示。

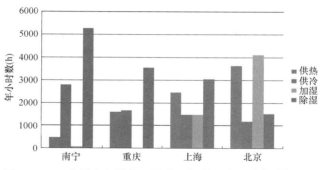

图 7.2-2 彩图

图 7.2-2　4 个城市年供热、供冷、加湿、除湿需求时间对比

图 7.2-3 为当地全年小时平均温度分布，其中阴影表示太阳升起前和落山后的时间，用大气温度来表示室外气候的冷热程度。图 7.2-4 为当地全年的室外露点温度分布情况，用露点温度表示室外气候的湿感觉。

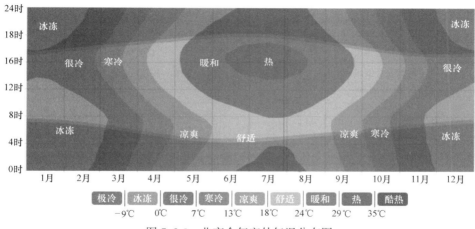

图 7.2-3　北京全年室外气温分布图

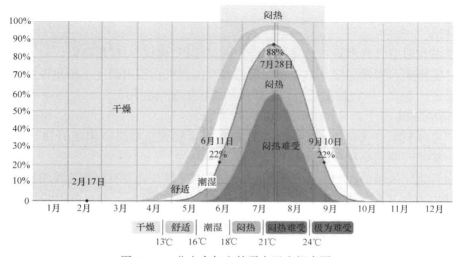

图 7.2-4　北京全年室外露点温度概率图

3. 设计方案

1）设计条件

室内房间舒适度设计等级分为低、中、高三级，对应控制指标见表7.2-2。

不同舒适度水平的设计条件　　　　　　　　　　　表 7.2-2

设计参数	低舒适	中舒适	高舒适
供热温度（℃）	18～22	22～24	22.0±1.0
供热湿度（%）	—	≥30	≥30
供热气流（m/s）	≤0.2	≤0.2	≤0.1
供冷温度（℃）	26～28	24～26	24.5±1.0
供冷湿度（%）	≤70	40～60	≤16（露点）
供冷气流（m/s）	≤0.3	≤0.25	≤0.12
ISO7730 等级	—	B	A

在本项目中，采用表7.2-3的房间配置方案，设置加湿功能。

房间配置方案　　　　　　　　　　　表 7.2-3

项目类别	配置区域
辐射板＋地暖（高舒适区）	一层：大厅＋酒店房＋公寓房＋老人房
风盘＋地暖（中舒适区）	一层：门厅
顶送新风加湿、除湿	一层：大厅＋酒店房＋公寓房＋老人房
智能排风	智能四恒系统
智能控制	智能四恒系统

2）辐射末端

本项目为改造项目，地面大理石部分保留，原有集中供暖串联散热器保留，采用顶面辐射制冷及辅助供暖，过渡季节为顶面辐射供暖，集中供暖开启后自动切换，集中供暖温度不够时由低温空气源热泵辅助。冬季散热器正常供暖，辐射板采用经过集中供暖换热后的低温水辅助供暖。

3）加湿

北京冬季时空气含水量相对较低，当室内温度提升时相对湿度降低，对人皮肤及呼吸系统有一定影响，需要加湿。本项目采用电蒸汽加湿机在室内湿度不满足设定值时加湿运行，保证室内湿度。3台加湿机与3套新风除湿机组配合使用。

4）新风除湿

北京地区夏季空气含水量相对较高，相对湿度较大造成露点温度升高，产生不舒适感。本方案控制室内全年湿度处于舒适健康范围内。

本项目大厅区域的水池有一定散湿量。方案中配置3套具有深度除湿功能的新风除湿机组，其中2套供大厅和办公室区域、1套供3个样板间区域。新风除湿机同时起到控制各个房间 PM2.5、CO_2、异味和湿度的作用。

5）智能控制

本项目空调系统为独立的智能控制系统，可实现一键操作。软件根据各个传感器反馈的数据，自动配置各设备之间的工作顺序及工作频率，在保证设备正常运转的情况下达到最节能运行状态。同时，使用手机 APP 可远程查看并控制各个房间温度。

6）设备节能

本项目所配置所有机电设备均为变频设备，保证以最小的功率达到最好的效果。采用的水泵是自适应变频泵，可根据末端用水量自动调整频率。设备在夏季系统刚刚开启时电功率为 5kW，系统稳定后为 2.5～3kW，夜晚节能模式为 0.8～1kW。

4. 房间具体配置（表 7.2-4）

房间具体配置　　　　　　　　　　　　　　　　　　　　　　　　　　表 7.2-4

项目名称						住空间				
楼层	房间名称	房间面板（个）	面积（m²）	朝向	外墙	末端			新风形式	备注
				保温情况						
一层	门厅/客厅/茶室/过道	1	187.5	南	1面	辐射板	风盘	地暖	顶送新风	
	酒店样板间	1	26.2	北	1面	辐射板		地暖	顶送新风	
	公寓样板间	1	22.1	北	2面	辐射板		地暖	顶送新风	
	老人房	1	36.4	南	2面	辐射板		地暖	顶送新风	
	小房间	1	15.9	北	1面	辐射板		地暖	顶送新风	
	吧台		19.5	北	1面	辐射板		地暖	顶送新风	
	公卫		22.7	无	0面			地暖	排风	
	次卫1		7.2	无	0面			地暖	排风	
	次卫2		6.3	无	0面			地暖	排风	
	次卫3		6.2	无	0面			地暖	排风	
	吧台/过道								集中回风	
合计		5	350							

5. 系统原理

水力系统和空气系统系统原理如图 7.2-5 和图 7.2-6 所示。

6. 设备和主要材料清单

设备和主要材料清单见表 7.2-5。

设备和主要材料清单　　　　　　　　　　　　　　　　　　　　　　表 7.2-5

配置名称	规格/型号	技术参数	单位	数量
空气源热泵	TAWC32	$Q=32kW$ $N=10.6kW$	台	1
直通型泵组	UPMII32-110	$L=10m^3/h$, $H=10.5m$	套	2
一次水箱	150L		套	1
石膏面辐射板	CHB1206	$Q_c=90W/m^2$, $Q_h=120W/m^2$	块	248
辐射专用尼龙分水器	辐射专用尼龙		路	17
直膨新风除湿机	ACH04VW/XCH350HCB	$L=350m^3/h$, $G=3.5kg/h$	台	1
直膨新风除湿机	ACH06VW/XCH500HCB	$L=500m^3/h$, $G=4.8kg/h$	台	2
智能屏	8寸触摸式	安卓操作系统	台	1
房间面板	GM48	温湿度、DC12V供电	个	5
空气传感器	KC2	温度、湿度、PM2.5、CO_2	个	3
集中控制器	CS10	8路开关、2路温度探头	个	6

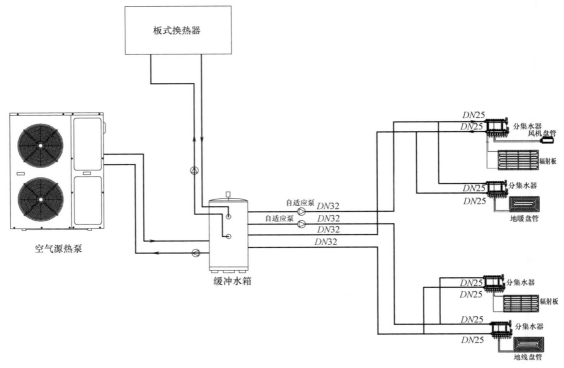

图 7.2-5　水力系统原理图

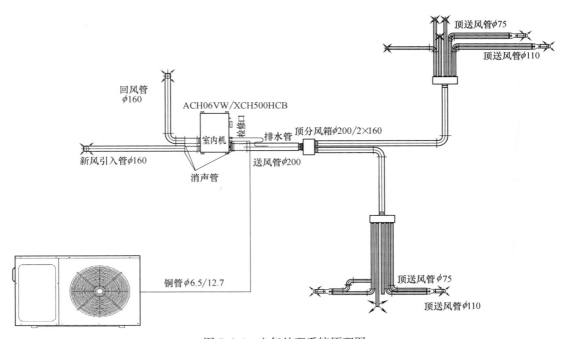

图 7.2-6　空气处理系统原理图

7. 施工过程（图 7. 2-7）

图 7.2-7　石膏面辐射板施工照片

8. 用户体验反馈

1）辐射空调与普通空调相比，舒适度、健康度高。使用后，室内人员感冒次数大大减少。辐射空调主要靠冷热辐射制冷制热，没有普通空调的吹风感，整个空间的温度很均匀，室内像一个舒适度很高的洞穴。配合新风除湿，室内温度、湿度能够达到人体需要的最佳状态。

2）辐射空调智能化程度高、省心、节能。配合气候补偿控制器，一年四季不用关闭系统，保证室内恒温 25℃。系统内流动的水也能随着室外温度自动调节，每个房间还可以分区控制，温度调节反应速度也很快。

7.3　智能四恒系统重庆案例

1. 项目概况及用户需求

图 7.3-1 为项目建筑外观照片。

本项目位于重庆市南岸区南山风景区，独栋别墅，地下一层、地上三层。空调系统配置面积 536.6m^2。建筑保温符合国家《夏热冬冷地区居住建筑节能设计标准》JGJ 134，

图 7.3-1　项目建筑外观

窗户玻璃为双层中空，开窗方式为平推；无外遮阳；动力电为三相 380V。

用户需求：实现室内四季相对恒温：冬季 22～24℃、夏季 24～26℃，四季相对湿度保持稳定在 40％～60％、PM2.5 控制、CO_2 浓度控制、异味控制、静音、无吹风感、冬季自动切换到集中供暖、一键操作、手机 APP 智能控制、设备运行能耗统计。

2. 当地气候特点介绍

重庆市属于夏热冬冷地区，每年 6 月上旬有持续天阴有雨的气候现象，梅雨季里空气湿度大、气温高、衣物等容易发霉，闷热、难受、体感差。在连绵多雨的梅雨季过后，直接进入炎热的三伏天。具有此特点的代表性省份（直辖市）有：上海、江苏、安徽、湖北、湖南、四川、重庆、江西、浙江等。重庆市炎热季节持续约 2.7 个月，从 6 月下旬到 9 月中旬；寒冷季节持续约 3.1 个月，从 11 月末到 2 月末。一年中较闷热（湿度高）阶段持续 5.3 个月，从 5 月初到 10 月初，在此阶段至少有 25％ 的时间湿度感为闷热、压抑或呼吸难受。重庆全年供热需求约 1599h；年供冷需求约 1662h；年加湿时间 0h；年除湿需求时间约为 3555h。其数据参见图 7.3-2。

图 7.3-2 为当地全年小时平均温度分布，其中阴影表示太阳升起前和落山后的时间，

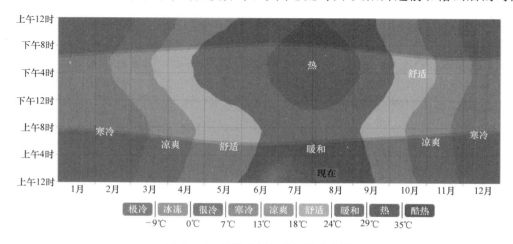

图 7.3-2　重庆全年室外气温分布图

用大气温度来表示室外气候的冷热程度。图7.3-3为当地全年露点温度分布情况，用露点温度表示室外气候的湿感觉。

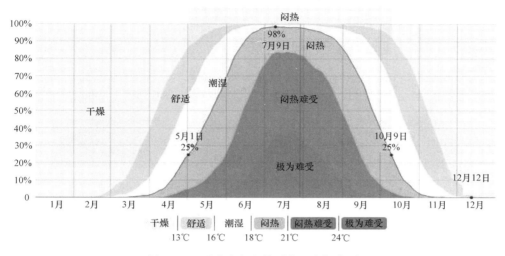

干燥 | 舒适 | 潮湿 | 闷热 | 闷热难受 | 极为难受
13℃ 16℃ 18℃ 21℃ 24℃

图 7.3-3　重庆全年室外露点温度概率图

3. 设计方案

1）技术说明

室内气候智能四恒系统由四部分组成：冷暖舒适系统；空气质量系统；智能控制系统和云平台管理服务系统。数字化室内气候技术是在欧洲专业技术的理论基础上二次开发的，针对中国特殊气候特点，特别对空气处理机和控制部分进行了定向研发，适合长江流域夏季热湿和黄梅天的气候及大气污染较重的现状，让中国人享受"真舒适、更健康"的室内环境。

2）冷暖舒适系统

采用辐射专用全变频空气源热泵主机，即能供暖又能供冷，采用出水温度控制，和控制主机通过485通信协议通信，实时根据露点温度调节主机的出水温度。静区末端以石膏面辐射板为主，室内温度分布均匀，温度梯度小，热舒适度高，外观美观房间无噪声。动区冷暖负荷变化大，配以直流无刷超静音风盘，适应调节及使用需求。

3）空气质量系统

采用全变频空气处理机，专利设计采用变频压缩机＋变频风机，超宽使用范围，精准控制出风条件，噪声低，适合全年连续使用。深度除湿能力、出风状态稳定，出风温度高，无须管道保温。分风箱式顶送管道体系，使用食品级健康风管，保证足够送风量，使得室内保持微正压，空气质量稳定。

4）智能控制和云服务

智能控制模式，一键运行，显示所有系统运行参数数据。可优化系统运行效率、节能、并可延长压缩机、风机的使用寿命。给出的各种提示信息，让客户更好地了解环境波动和需要做的维护内容。智能主控制屏，集软件控制、人机交互和网络连接三大功能于一身，计算能力和数据、信息存储能力大大增加，保证了的工程调试质量、系统控制精度和售后服务水平。

4. 方案概述和房间配置

表 7.3-1 为方案内容概述，表 7.3-2 为房间配置表。

方案概述 表 7.3-1

类别	内容
建筑信息	536.6m², 独栋别墅
方案定位	高舒适 4.0
建筑气候区	重庆:夏热冬冷区
包含房间类型	静区:卧室、书房、保姆房
	动区:客厅、水吧台、餐厅
	过渡区:入户门厅
	功能区:卫生间、衣帽间、厨房
主要场景	春天:无黄梅天、无潮湿霉味、不阴冷
	夏天:无空调病、无吹风感、无温度不均、忽冷忽热、脚感不凉、无空调无冷凝水、无闷热潮湿、无运行噪声、地冷
	秋天:无吹风感、不冷不热不干燥
	冬天:不冷不过热
	室内环境:卫生间无异味不串味、全年室内无积灰、置换通风不共享空气全年室内不发霉、室内晾衣次日干、全年运行无噪声、全年不冷不热不闷不湿
	智能使用:手机远程控制、一键控制、服务提示、故障预警、软件升级、远程售后服务
	评估改进:24h 实时数据记录、全年设定温度波动、全年湿度波动、全年 CO_2 浓度达标、全年 PM2.5 浓度达标、全年能耗监测
使用软件型号	标准 RHC(无新开发要求)
暖通空调类型	组合式系统
质量管理	《温湿智能系统安装与施工规范》及其他标准
运维服务	全生命周期
能耗预计	全年使用，约 60kWh/(m²·a)

房间配置表 表 7.3-2

楼层	房间名称	房间面板(个)	保温情况 面积(m²)	朝向	外墙	末端		新风形式	备注
负一层	客厅/棋牌/茶室	1	70.3	南	2面	辐射板	地冷暖	顶送新风	
	酒水吧/过厅	1	51.6	南	2面	辐射板	地冷暖	顶送新风	
	中餐厅/西餐厅	1	36.9	南	2面	辐射板	地冷暖	顶送新风	
	视听室	1	26.9	南	2面	辐射板	地冷暖	顶送新风	
	储藏室	0	9	南	2面			集中回风	
	保姆房	1	13.1	南	2面	辐射板	地冷暖	顶送新风	
	卫生间	0	4.3	南	2面			排风	
	公卫	0	7.7	南	2面			排风	

续表

楼层	房间名称	房间面板(个)	保温情况			末端		新风形式	备注
			面积(m²)	朝向	外墙				
一层	客厅/过厅/鞋帽	1	70	南	2面		风盘	地冷暖	顶送新风	
	客房1	1	19.4	南	2面		风盘	地冷暖	顶送新风	
	卫生间1	0	6.1	南	2面				排风	
	客房2	1	12	南	2面		风盘	地冷暖	顶送新风	
	卫生间2	0	3.2	南	2面				排风	
	公卫	0	3	南	2面				集中回风	
二层	过厅	1	18	南	2面	辐射板		地冷暖	集中回风	
	主卧/衣帽	1	33	南	2面	辐射板		地冷暖	顶送新风	
	书房	1	11	南	2面	辐射板		地冷暖	顶送新风	
	主卫	0	13.9	南	2面				排风	
	孙子房/衣帽	1	22.4	南	2面	辐射板		地冷暖	顶送新风	
	卫生间1	0	4	南	2面				排风	
	儿子房	1	29	南	2面	辐射板		地冷暖	顶送新风	
	书房	1	8.7	南	2面	辐射板		地冷暖	顶送新风	
	卫生间2	0	5.4	南	2面				排风	
三层	楼梯间	1	11	南	2面		风盘	地冷暖	集中回风	
	儿童房1	1	18	南	2面		风盘	地冷暖	顶送新风	
	卫生间1	0	3.8	南	2面				排风	
	儿童房2	1	21.4	南	2面		风盘	地冷暖	顶送新风	
	卫生间2	0	3.5	南	2面				排风	
合计		17	536.6						

5. 系统原理

水力系统和空气处理原理如图 7.3-4 和图 7.3-5 所示。

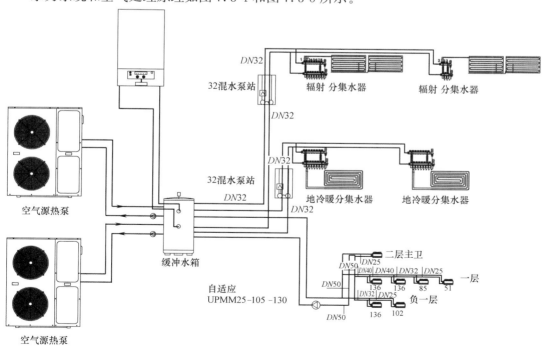

图 7.3-4 水力系统原理图

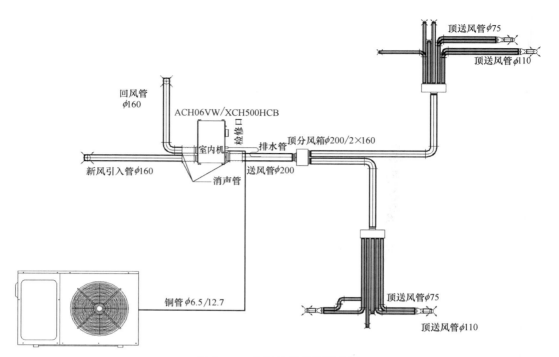

图 7.3-5　空气处理系统原理图

6. 设备和主要材料清单

设备和主要材料清单见表 7.3-3 所列。

设备和主要材料清单　　　　　　　　　　　　　　　表 7.3-3

配置名称	规格/型号	技术参数	单位	数量
空气源热泵	TAWC32	$Q=32\text{kW}$，$N=10.6\text{kW}$	台	2
直通型泵组	UPM25-105	$L=5\text{m}^3/\text{h}$，$H=10.5\text{m}$	套	1
混水型泵组	PT180-2	$K_{vs}=4.8\text{m}^3/\text{h}$	套	2
二次水箱	300L		套	1
石膏面辐射板	CHB1206	$Q_c=90\text{W}/\text{m}^2$，$Q_h=120\text{W}/\text{m}^2$	块	256
辐射专用尼龙分水器	辐射专用尼龙		路	36
空气处理机	ACH04VW/XCH350HCB	$L=350\text{m}^3/\text{h}$，$G=3.5\text{kg}/\text{h}$	台	3
空气处理机	ACH06VW/XCH500HCB	$L=500\text{m}^3/\text{h}$，$G=4.8\text{kg}/\text{h}$	台	2
主控屏	8 寸触摸屏	安卓操作系统	台	2
房间面板	GM48	温湿度、DC12V 供电	个	17
空气传感器	KC2	温度、湿度、PM2.5、CO_2	个	5
集中控制器	CS10	8 路开关、2 路温度探头	个	10
混水控制模块	WM6	控制浮点执行器	个	4

7. APP 控制界面

本地智能屏的数据传输给云平台，APP 从云平台获取数据做监测和控制。APP 界面如图 7.3-6 所示。

  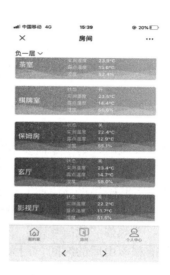

图 7.3-6　APP 控制界面

8. 用户体验

由于界面操作简单，用户每天可以设置各种参数，根据个人感觉进行温度、湿度控制调整。用户最终得出适合参数为：温度 26.5℃，湿度 50%～60%。同时用户体验到当相对湿度高于 60% 有明显不舒适感，而低于 50% 也会有明显不适感觉。因此智能控制开发湿度调节功能是正确的决定。

7.4　智能四恒系统南宁案例

1. 项目概况及用户需求

项目情况信息见表 7.4-1 所列。

项目概况　　　　　　　　　　　　　　　　　　　表 7.4-1

序号	参数	描述	说明
1	项目名称	某别墅	
2	户型	联排	别墅、洋房、复式公寓、平层
3	建筑面积	280m²	得房面积
4	建造年代	2013 年	2010 年、是否含节能改造
5	楼层及朝向	南	东南西北
6	门窗状况	双层/推窗	单层/双层、推窗/移窗/落地窗
7	遮阳状况	—	
8	电源条件	三相电	单/三相电
9	环境目标	高舒适	普通舒适/高舒适
10	常驻人数	4	
11	特殊需求	卫生间独立排风	
12	冷热源	空气源	空气源热泵

用户需求：实现室内四季相对恒温：冬季 22～24℃、夏季 24～26℃，四季相对湿度稳定在 50%～60%、保证回南天室内舒适不潮湿、PM2.5 控制、CO_2 浓度控制、异味控制、静音、无吹风感、冬季自动切换到集中供暖、一键操作、手机 APP 智能控制、设备

运行能耗统计。

2. 当地气候特点介绍

南宁位于北回归线南侧，夏热冬暖地区，属湿润的亚热带季风气候，阳光充足，雨量充沛，气候温和，夏长冬短，极端最高气温 40.4℃，极端最低气温－2.4℃，年均降雨量达 1300mm，平均相对湿度为 79%，气候特点是炎热潮湿。夏天比冬天长得多，炎热时间较长。春秋两季气候温和，集中的雨季是在夏天。3～4 月华南在副高北侧，冷暖锋面活跃，下的是连绵的锋面小雨；5～6 月华南在副高西侧，暴雨主要出自季风槽处，偶尔也有台风雨。南宁年需要供热时间约 475h；年供冷时间约 2805h；年加湿时间约 66h；年除湿时间约 5289h，如图 7.2-2 所示。华南地区最让人难受的天气是回南天，富含大量温暖水汽的副热带高压向北推进，与冷却了几个月的墙壁、门窗相遇，凝结成小水珠。而冬季尤其是寒潮冷锋到来时的锋面雨，降温＋下雨＋北风导致非常湿冷，人体感受非常不好，被戏称"魔法攻击"。图 7.4-1 为当地全年小时平均温度分布，其中阴影表示太阳升起前和落山后的时间，用大气温度来表示室外气候的冷热程度。图 7.4-2 为当地全年的露

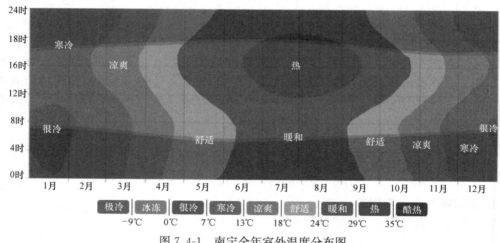

图 7.4-1　南宁全年室外温度分布图

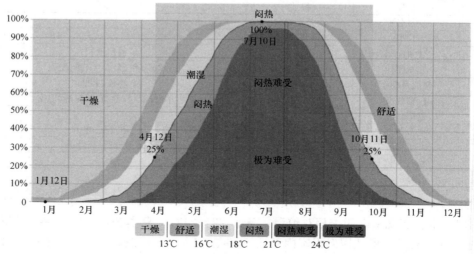

图 7.4-2　南宁全年室外露点温度概率图

点温度分布情况，用露点温度表示室外气候的湿感觉。

3. 设计方案

1）场景设计：场景是指按用户语言描述的环境需求。方案设计者根据场景来确定系统功能、设备选型、控制组成和智能算法。所述场景与当地气候及用户生活经历有关，不能千篇一律。不同的方案能实现不同的场景。本项目用户场景与方案见表7.4-2。

用户场景与方案表　　　　　　　　　　　表 7.4-2

室内气候		1.0 地暖热水一体化	2.0 地暖空调一体化	3.0 地暖空调新风除湿一体化	4.0 地暖顶冷新风除湿一体化	5.0 地暖地冷顶冷新风除湿空调
功能	地暖	✓	✓	✓	✓	✓
	地冷	✗	✗	✗	✓	✓
	顶冷	✗	✗	✗	✓	✓
	空调	✗	✓	✓	✗	✓
	新风/灭菌	可选	可选	✓	✓	✓
	除湿	✗	✗	✓	✓	✓
	加湿	✗	✗	✗	可选	可选
	热水	✓	可选	可选	可选	可选
	净水	可选	可选	可选	可选	可选
春天	无回南天	✓	✓	✓	✓	✓
	无潮湿霉味	✗	✗	✓	✓	✓
	不阴冷	✓	✓	✓	✓	✓
	无闷热感	✗	✓	✓	✓	✓
夏天、秋天	无空调病	／	✓	✓	✓	✓
	无吹风感	／	✗	✗	✓	顶冷✓
	温度均匀,无忽冷忽热	／	✗	✗	✓	顶冷✓
	脚感不凉	／	✓	✓	✓	✓
	无空调口无冷凝水	／	✗	✓	／	✗
	不冷不热水干燥	／	✗	✓	✓	顶冷✓
冬天	不冷不热	✓	✓	✓	✓	✓
	无闷热感	✗	✗	✗	✓	✓
室内环境	卫生间无异味不串味	✗	✗	✓	✓	✓
	全年室内无积灰	✗	✗	✓	✓	✓
	全年室内无扬尘	✗	✗	✗	✓	顶冷✓

续表

室内气候	1.0 地暖热水一体化	2.0 地暖空调一体化	3.0 地暖空调新风除湿一体化	4.0 地暖顶冷新风除湿一体化	5.0 地暖地冷顶冷新风除湿空调
室内环境 置换通风、不共享空气	⊗	⊗	✓	✓	顶冷✓
室内不发霉不潮	⊗	⊗	✓	✓	✓
洗衣物第二天干	⊗	⊗	✓	✓	✓
全年无噪声运行	／	✓	✓	✓	顶冷✓
全年不冷不热不闷不湿	⊗	⊗	✓	✓	顶冷✓
全年温足顶凉	⊗	⊗	⊗	✓	✓
使用 手机远程控制	可选	✓	✓	✓	✓
智能控制等级	1级	2级	3级	4级	4级
一键控制	✓	✓	✓	✓	✓
服务提示	⊗	⊗	⊗	✓	✓
故障预警	⊗	⊗	✓	✓	✓
软件更新迭代	⊗	⊗	✓	✓	✓
远程售后服务	⊗	⊗	✓	✓	✓
评估报告 24h实时数据记录	⊗	⊗	⊗	⊗	✓
全年设定温度波动小	⊗	⊗	⊗	✓	顶冷✓
全年湿度波动小	⊗	⊗	⊗	✓	顶冷✓
全年二氧化碳浓度达标	⊗	⊗	✓	✓	✓
全年PM2.5浓度达标	⊗	⊗	✓	✓	✓
全年能耗记录	⊗	⊗	⊗	✓	✓

2）顶辐射系统

顶辐射系统采用石膏面辐射板，内嵌 PE-Xa 10mm 直径管道和均热金属板。辐射板可直接通过螺钉固定在龙骨上，与普通石膏板安装方式相同，易于标准化模块化施工，这也是目前辐射板的主流安装形式。辐射板即可供冷也可供热，供冷模式下：辐射板中的水温一般为 15～20℃；供热模式下：水温设置在 35～40℃。石膏面辐射板标准尺寸：1200mm×600mm，厚度为 30mm。分集水器为铜塑尼龙顶棚专用型、大流量、防结露、阻力小。

辐射板每 2 块为一小组，10 小组组成一路，即一路最多 20 块辐射板。有专门的孔灯板，方便安装灯具（其供冷量为标准版的 70%，不建议大量使用）。末端辐射单元供回水主管采用 $dn20×S5/PE-Xa$ 管道。末端辐射单元的管道连接全部采用快易连接或滑紧连接技术体系。

3）方案概述

表 7.4-3 所列为方案概述内容。

方案概述　　　　　　　　　　　　　　　　　表 7.4-3

项目		基本信息
建筑信息		280m²，联排别墅
建筑气候区		夏热冬暖地区
包含房间类型	静区	卧室、书房、休息区
	动区	客厅、餐厅、健身区、娱乐区
	过渡区	门厅、过道、楼梯间
	功能区	卫生间、衣帽间、厨房、棋牌室
门窗情况		双层平推真空玻璃
能源条件		220V/380V
环境目标		高舒适
使用类型		家庭居住
常驻人数		4
暖通空调类型		智能四恒系统
运维服务		全生命周期

4. 房间配置（表 7.4-4）

房间配置表　　　　　　　　　　　　　　　　表 7.4-4

项目名称									高迪山别墅
楼层	房间	房间面板	保温情况			末端			新风形式	备注
			面积(m²)	朝向	外墙	辐射板	风盘	地暖		
一层	客厅	2	30.6	西	2面	辐射板		地暖	地送新风	集中回风、装空气质量传感器
	餐厅	1	13.7	南	2面	辐射板		地暖	地送新风	
	厨房	0	11.1	北	2面	辐射板		地暖	排风	
	佣人房	1	10.6	西	2面	辐射板		地暖	地送新风	
	卫生间1	0	5.04	北	1面			地暖	排风	装排风机
二层	主卧	1	31.5	西	2面	辐射板		地暖	地送新风	
	儿童房	1	11.9	南	1面	辐射板		地暖	地送新风	
	卫生间1	0	6.2	北	1面			地暖	排风	装排风机
	卫生间1	0	4.2	北	1面			地暖	排风	装排风机
	衣帽间	0	8	东	2面	辐射板		地暖	地送新风	

续表

项目名称			高迪山别墅							
楼层	房间	房间面板	保温情况			末端			新风形式	备注
			面积(m²)	朝向	外墙	辐射板	风盘	地暖		
三层	书房	1	18.8	北	1面	辐射板		地暖	排风	
	卫生间	0	3.5	东	2面			地暖	排风	装排风机
	玩具房	1	8.9	东	2面	辐射板		地暖	地送新风	
合计		8	164.04							

5. 系统原理

水力系统和空气处理系统原理图见图7.4-3和图7.4-4。

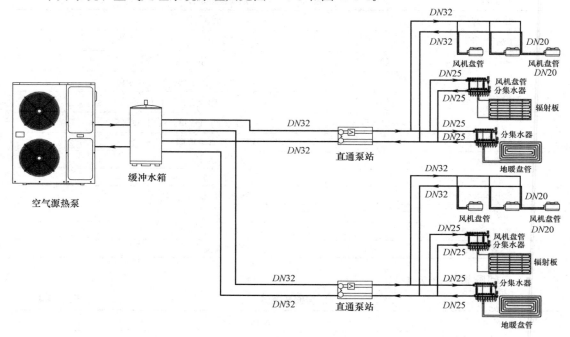

图 7.4-3　水力系统原理图

6. 设备和主要材料清单

设备和主要材料清单见表7.4-5。

设备和主要材料清单　　　　　　　　　　　　　　表7.4-5

配置名称	规格/型号	技术参数	单位	数量
空气源热泵	TAWC32	$Q=32\mathrm{kW},N=10.6\mathrm{kW}$	台	1
直通型泵组	UPMII32-110	$L=10\mathrm{m^3/h},H=10.5\mathrm{m}$	台	2
一次水箱	150L		个	1
石膏面辐射板	CHB1206	$Q_c=90\mathrm{W/m^2},Q_h=120\mathrm{W/m^2}$	块	268
辐射专用尼龙分水器	辐射专用尼龙		路	15
空气处理机	ACH04VW/XCH350HCB	$L=350\mathrm{m^3/h},G=3.5\mathrm{kg/h}$	台	3

续表

配置名称	规格/型号	技术参数	单位	数量
主控屏	CYPAD-8	安卓操作系统	台	1
房间面板	GM48	温湿度、DC12V 供电	个	9
空气传感器	KC2	温度、湿度、PM2.5、CO_2	个	3
集中控制器	CS10	8 路开关、2 路温度探头	个	5

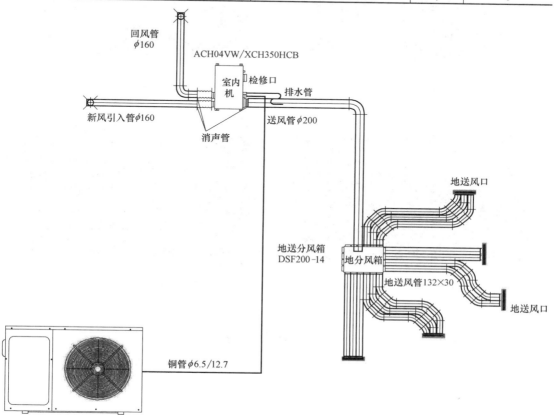

图 7.4-4 空气处理系统原理图

7. 智能四恒运行界面

图 7.4-5～图 7.4-10 为智能屏主界面、房间温度数据记录界面、设备运行数据界面等截图。由计算机软件做控制可以大大提高系统运行的精准度、降低运行能耗。并且还可以通过云平台不断升级程序，消除 BUG 或增加控制功能。

图 7.4-5 主控制界面

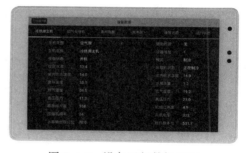

图 7.4-6 设备运行数据界面

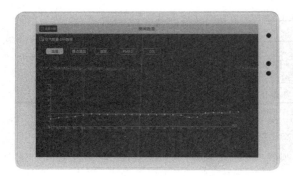

图 7.4-7　温度数据记录界面

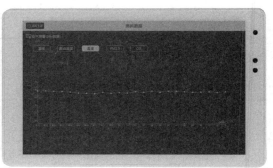

图 7.4-8　湿度数据记录界面

图 7.4-9　末端工作状态界面

图 7.4-10　提示信息界面

本章参考文献

［1］　内部资料. 智能三恒（长江版）说明书. 2020.

［2］　内部资料. 空气源热泵两联供系统参考工具书. 2019.

［3］　THS 温湿智慧联盟. 温湿智能系统安装与施工规范. Q/ZTHS01-2019.

附录 I

气候区划表

了解地区的气候特征对暖通性能确定至关重要。常用地区气候区划分类表，区划分类标准见《民用建筑热工设计规范》GB 50176—2016。具体分类如下：

1）1A 气候区城市

漠河（黑龙江），呼玛（黑龙江），黑河（黑龙江），嫩江（黑龙江），孙吴（黑龙江），伊春（黑龙江），图里河（内蒙古），海拉尔（内蒙古），新巴尔虎右旗（内蒙古），博克图（内蒙古），那仁宝拉格（内蒙古），乌鞘岭（甘肃），刚察（青海），五道梁（青海），沱沱河（青海），杂多（青海），曲麻莱（青海），玛多（青海），达日（青海），河南（青海），巴音布鲁克（新疆），狮泉河（西藏），班戈（西藏），那曲（西藏），申扎（西藏），帕里（西藏），色达（四川）

2）1B 气候区城市

哈尔滨（黑龙江），克山（黑龙江），齐齐哈尔（黑龙江），海伦（黑龙江），富锦（黑龙江），泰来（黑龙江），安达（黑龙江），宝清（黑龙江），通河（黑龙江），尚志（黑龙江），鸡西（黑龙江），虎林（黑龙江），牡丹江（黑龙江），绥芬河（黑龙江），敦化（吉林），桦甸（吉林），长白（吉林），东乌珠穆沁旗（内蒙古），二连浩特（内蒙古），阿巴嘎旗（内蒙古），化德（内蒙古），西乌珠穆沁旗（内蒙古），锡林浩特（内蒙古），多伦（内蒙古），合作（甘肃），茫崖（青海），冷湖（青海），大柴旦（青海），都兰（青海），玉树（青海），阿勒泰（新疆），富蕴（新疆），和布克赛尔（新疆），北塔山（新疆），伊吾（新疆），定日（西藏），索县（西藏），丁青（西藏），若尔盖（四川），理塘（四川），穆棱（黑龙江，对标城市鸡西），海林，宁安（黑龙江，对标城市牡丹江）

3）1C 气候区城市

长春（吉林），前郭尔罗斯（吉林），长岭（吉林），四平（吉林），延吉（吉林），临江（吉林），集安（吉林），沈阳（辽宁），彰武（辽宁），清原（辽宁），本溪（辽宁），宽甸（辽宁），呼和浩特（内蒙古），额济纳旗（内蒙古），拐子湖（内蒙古），巴音毛道（内蒙古），满都拉（内蒙古），海力素（内蒙古），朱日和（内蒙古），乌拉特后旗（内蒙古），达尔罕茂明安联合旗（内蒙古），集宁（内蒙古），鄂多克旗（内蒙古），东胜（内蒙古），扎鲁特旗（内蒙古），巴林左旗（内蒙古），林西（内蒙古），通辽（内蒙古），赤峰（内蒙古），宝国图（内蒙古），蔚县（河北），丰宁（河北），围场（河北），大同（山西），河曲（山西），马鬃山（甘肃），玉门（甘肃），酒泉（甘肃），张掖（甘肃），华家岭（甘肃），西宁（青海），德令哈（青海），格尔木（青海），乌鲁木齐（新疆），哈巴河（新疆），塔城（新疆），克拉玛依（新疆），精河（新疆），奇台（新疆），巴伦台（新疆），阿合奇（新疆），日喀则（西藏），隆子（西藏），德格（四川），甘孜（四川），松潘（四川），稻城（四川），康定（四川），德钦（云南），龙井，图们（吉林，对标城市延吉），白山（吉林，对标城市临江），灯塔，抚顺（辽宁，对标城市沈阳），嘉峪关（甘肃，对标城市酒泉）

4) 2A气候区城市

朝阳（辽宁），锦州（辽宁），营口（辽宁），丹东（辽宁），大连（辽宁），吉兰泰（内蒙古），临河（内蒙古），长岛（山东），龙口（山东），成山头（山东），莘县（山东），沂源（山东），潍坊（山东），青岛（山东），海阳（山东），日照（山东），张家口（河北），怀来（河北），承德（河北），青龙（河北），唐山（河北），乐亭（河北），孟津（河南），太原（山西），原平（山西），离石（山西），榆社（山西），介休（山西），阳城（山西），榆林（陕西），延安（陕西），宝鸡（陕西），兰州（甘肃），敦煌（甘肃），民勤（甘肃），平凉（甘肃），西峰镇（甘肃），天水（甘肃），银川（宁夏），中宁（宁夏），盐池（宁夏），伊宁（新疆），库车（新疆），喀什（新疆），巴楚（新疆），阿拉尔（新疆），莎车（新疆），皮山（新疆），和田（新疆），拉萨（西藏），昌都（西藏），林芝（西藏），赣榆（江苏），房县（湖北），道孚（四川），马尔康（四川），巴塘（四川），九龙（四川），威宁（贵州），毕节（贵州），昭通（云南），北票（辽宁，对标城市朝阳），葫芦岛，凌海（辽宁，对标城市锦州），大石桥，盖州（辽宁，对标城市营口），东港（辽宁，对标城市营口），蓬莱（山东，对标城市长岛），招远（山东，对标城市龙口），荣成（山东，对标城市成山头），聊城（山东，对标城市成莘县），昌邑（山东），安丘（山东，对标城市潍坊），胶州（山东），即墨（山东），黄岛（山东，对标城市青岛），莱阳（山东），乳山（山东，对标城市海阳），晋中（山西，对标城市太原），忻州（山西，对标城市原平），孝义（山西），汾阳（山西，对标城市介休），晋城（山西，对标城市阳城），灵武（宁夏，对标城市银川），中卫（宁夏，对标城市中宁），阿图什（新疆，对标城市喀什），图木舒克（新疆，对标城市巴楚），连云港（江苏，对标城市赣榆）

5) 2B气候区城市

北京（北京），天津（天津），济南（山东），德州（山东），惠民县（山东），定陶（山东），兖州（山东），石家庄（河北），邢台（河北），保定（河北），郑州（河南），安阳（河南），西华（河南），运城（山西），西安（陕西），七角井（新疆），吐鲁番（新疆），库尔勒（新疆），铁干里克（新疆），若羌（新疆），哈密（新疆），亳州（安徽），徐州（江苏），射阳（江苏），章丘（山东），泰安（山东，对标城市济南），禹城（山东，对标城市德州），乐陵（山东），滨州（山东，对标城市惠民县），济宁（山东），曲阜（山东），邹城（山东，对标城市兖州），新乐（河北），藁城（河北），鹿泉（河北，对标城市石家庄），沙河（河北，对标城市邢台），任丘（河北，对标城市保定），荥阳（河南），新郑（河南，对标城市郑州），周口（河南，对标城市西华），三门峡（河南，对标城市运城），兴平（河南），咸阳（陕西，对标城市西安），淮北（安徽，对标城市徐州），盐城（江苏，对标城市射阳）

6) 3A气候区城市

上海（上海），奉节（重庆），梁平（重庆），西阳（重庆），南阳（河南），驻马店（河南），信阳（河南），固始（河南），汉中（陕西），安康（陕西），武都（甘肃），合肥（安徽），阜阳（安徽），蚌埠（安徽），霍山（安徽），芜湖（安徽），安庆（安徽），南京（江苏），东台（江苏），吕泗（江苏），溧阳（江苏），杭州（浙江），嵊泗（浙江），定海（浙江），嵊州（浙江），石浦（浙江），衢州（浙江），临海（浙江），大陈岛（浙江），武汉（湖北），老河口（湖北），枣阳（湖北），钟祥（湖北），麻城（湖北），恩施（湖北），宜昌（湖北），荆州（湖北），长沙（湖南），桑植（湖南），岳阳（湖南），沅陵（湖南），常德（湖南），芷江（湖南），邵阳（湖南），通道（湖南），武冈（湖南），零陵（湖南），郴州（湖南），南昌（江西），修水（江西），宜春（江西），景德镇（江西），南城（江西），成都（四川），平武（四川），绵阳（四川），雅安（四川），万源（四川），阆中（四川），达州（四川），南充（四川），遵义（贵州），思南（贵州），三穗（贵州），浦城（福建），太仓（江苏，对标城市上海），淮南（安徽，对标城市蚌埠），宣城（安徽，对标城市芜湖），池州（安徽，对标城市安庆），池州（安徽，对标城市安庆），马鞍山（安徽），仪征（江苏），句容（江苏，对标城市南京），大丰（江苏），兴化（江苏），姜堰（江苏，对标城市东台），启东（江苏），海门（江苏），通州（江苏，对标城市吕泗），金坛（江苏），宜兴（江苏，对标城市溧阳），临安（浙江），富阳（浙江），绍兴（浙江，对标城市杭州），上虞（浙江，对标城市嵊州），江山（浙江，对标城市衢州），台州（浙江，对标城市临海），孝感（湖北），汉川（湖北，对标城市武汉），丹江口（湖北，对标城市老河口），荆门（湖北，对标城市钟祥），当阳（湖北），宜都（湖北，对标城市宜昌），枝江（湖北，松滋（湖北，对标城市荆州），韶山（湖南），湘潭（湖南，对标城市长沙），临湘（湖南，对标城市岳阳），怀化（湖南，对标城市芷江），永州（湖南，对标城市零陵），资兴（湖南，对标城市郴州），丰城（江西，对标城市南昌），乐平（江西，对标城市景德镇），广汉（四川），彭州（四川），崇州（四川，对标城市成都），江油（四川），德阳（四川，对标城市绵阳），仁怀（贵州，对标城市遵义）

7) 3B气候区城市

重庆（重庆），丽水（浙江），吉安（江西），赣州（江西），广昌（江西），寻乌（江西），宜宾（四川），泸州（四川），罗甸（贵州），榕江（贵州），邵武（福建），武夷山市（福建），福鼎（福建），南平（福建），长汀（福建），永安（福建），连州（广东），韶关（广东），桂林（广西），蒙山（广西），南康（江西，对标城市赣州），赤水（贵州，对标城市泸州），建阳（福建，对标城市武夷山市），三明（福建，对标城市永安）

8) 4A气候区城市

福州（福建），漳平（福建），平潭（福建），佛冈（广东），连平（广西），柳州（广西），那坡（广西），梧州（广西），长乐（福建），福清（福建，对标城市福州），英德（广东），从化（广东，对标城市佛冈）

9) 4B气候区城市

元谋（云南），景洪（云南），元江（云南），勐腊（云南），厦门（福建），广州（广东），梅县（广东），高要（广东），河源（广东），汕头（广东），信宜（广东），深圳（广东），汕尾（广东），湛江（广东），阳江（广东），上川岛（广东），南宁（广西），百色（广西），桂平（广西），龙州（广西），钦州（广西），北海（广西），海口（海南），东方（海南），儋州（海南），琼海（海南），三亚（海南），东莞（广东），佛山（广东，对标城市广州），兴宁（广东，对标城市梅县），四会（广东），云浮（广东，对标城市高要），潮州（广东），揭阳（广东，对标城市汕头），高州（广东，对标城市信宜），陆丰（广东，对标城市汕尾），雷州（广东，对标城市湛江），阳春（广东，对标城市阳江），防城港（广西，对标城市钦州），万宁（海南，对标城市琼海）

10) 5A气候区城市

西昌（四川），会理（四川），贵阳（贵州），兴义（贵州），独山（贵州），昆明（云南），丽江（云南），会泽（云南），腾冲（云南），保山（云南），大理（云南），楚雄（云南），沾益（云南），泸西（云南），广南（云南），清镇（贵州，对标城市贵阳），安宁（云南，对标城市昆明）

11）5B气候区城市

瑞丽（云南），耿马（云南），临沧（云南），澜沧（云南），思茅（云南），江城（云南），蒙自（云南），普洱（云南，对标城市思茅）

附录 II

地表面温度

地名	地表面温度(℃)		
	年平均	最冷月平均	最热月平均
北京市			
北京	13.7	−5.4	29.4
密云 *	10.8	−7.0	25.7
天津市			
天津	14.1	−4.2	29.3
塘沽 *	15	−4.1	30.7
河北省			
石家庄	15.1	−3.2	30.4
承德	10.4	−11	28.2
张家口	9.6	−10.6	27.3
邢台	15.1	−3.4	30.4
保定	14.4	−4.9	30.8
沧州	14.7	−3.4	29.8
唐山 *	13.9	−5.8	29.9
秦皇岛 *	13.1	−4.9	28.6
山西省			
太原	11.6	−6.2	26.9
阳泉	12.6	−4.9	27.7
大同	8.7	−11.4	25.7
介休	12.7	−4.7	27.9
运城	15.5	−1.3	30.6
内蒙古自治区			
呼和浩特	7.6	−13.3	26
海拉尔	0.7	−26.7	23.5
二连浩特	6.2	−18.5	28.1
锡林浩特	5.2	−19.5	25.8
通辽	8.6	−15.2	28.1
赤峰	9.1	−13.2	27.5
集宁	5.4	−14.5	23.1
包头 *	10.4	−11.6	28.8
满洲里 *	2.1	−24.5	25.7
辽宁省			
沈阳	9.5	−12.4	27.1
大连	12.9	−4.7	26.7
抚顺	8.1	−13.9	26.4
鞍山	10.1	−11.7	28.0

续表

地名	地表面温度(℃)		
	年平均	最冷月平均	最热月平均
辽宁省			
阜新	9.3	−12.0	27.8
辽阳	10.5	−12.9	29.0
朝阳	10.9	−11.2	28.4
锦州	11.0	−9.6	27.8
营口	10.7	−9.4	28.0
本溪	8.2	−12.1	25.2
丹东	10.3	−8.2	25.8
吉林省			
长春	7.1	−16.9	26.2
四平	7.8	−15.4	26.7
延吉	7.4	−14.7	25.6
通化	6.0	−17.3	24.7
黑龙江省			
哈尔滨	5.8	−19.8	26.4
齐齐哈尔	5.5	−20.5	26.3
安达	5.5	−20.0	26.2
鸡西	5.3	−18.0	24.9
牡丹江	5.8	−19.7	26.1
绥芬河	4.5	−17.6	23.7
鹤岗	3.6	−20.2	24.1
上海市			
上海	17.0	4.1	30.4
江苏省			
南京	17.0	3.1	30.9
徐州	15.9	0.3	29.9
连云港	16.4	0.6	30.2
常州	17.7	3.2	33.0
南通	17.0	3.0	30.9
浙江省			
杭州	17.7	4.5	31.6
宁波	18.5	4.8	34.2
金华	20.5	6.5	36.0
衢州	18.8	5.9	32.6
温州	20.0	8.7	32.2

地名	地表面温度（℃）		
	年平均	最冷月平均	最热月平均
安徽省			
合肥	17.7	3.1	32.3
芜湖	18.4	3.7	34.2
阜阳	17.4	1.6	32.3
亳县	16.2	0.6	30.8
蚌埠	17.2	2.1	31.3
安庆	18.6	4.3	33.3
福建省			
福州	22.5	12.5	34.6
厦门	23.2	14.4	32.9
南门	21.9	10.9	33.8
永安	22.1	11.7	33.5
漳州	24.4	14.3	32.5
江西省			
南昌	19.7	6.0	34.2
九江	19.4	5.1	34.1
吉安	20.7	7.4	35.1
赣州	22.0	9.2	34.7
景德镇	19.1	5.9	33.1
山东省			
济南	16.5	−1.5	30.6
德州	14.7	−3.7	30.2
青岛	14.2	−1.8	28.1
兖州	15.5	−1.7	29.6
淄博	14.9	−3.0	30.3
潍坊	15.3	−2.6	29.2
菏泽	15.8	−0.8	30.0
威海 *	15.0	−1.0	29.3
河南省			
郑州	16.0	0.1	30.6
开封	16.1	−0.3	31.2
洛阳	16.5	0.4	31.2
许昌	16.7	0.8	31.3
南阳	17.0	1.7	31.4
安阳	16.0	−1.6	30.8

地名	地表面温度(℃)		
	年平均	最冷月平均	最热月平均
河南省			
驻马店	16.4	1.8	30.6
信阳	17.3	2.7	30.9
湖北省			
武汉	18.6	4.1	33.4
黄石	19.0	4.8	33.4
老河口	17.8	3.3	31.8
恩施	17.7	6.1	30.4
宜昌	18.4	5.3	32.0
荆州 *	18.3	4.9	31.2
湖南省			
长沙	18.9	5.6	34.3
株洲	20.3	6.5	35.5
衡阳	20.2	6.7	34.8
邵阳	19.4	6.2	33.1
岳阳	19.4	5.2	34.2
郴州	20.5	7.7	34.8
常德	18.3	5.3	32.5
芷江	18.5	5.7	31.6
零陵	19.3	6.6	32.4
广东省			
广州	24.6	15.6	31.4
深圳 *	24.8	16.9	30.8
湛江	26.3	18.4	32.7
韶关	23.2	11.5	34.5
汕头	24.1	15.6	32.4
阳江	24.5	16.3	31.4
惠州 *	24.6	15.9	31.1
河源 *	23.4	14.3	30.6
肇庆 *	24.1	15.5	31.0
梅州 *	25.0	15.1	33.2
海南省			
海口	25.3	19.3	33.1
三亚 *	30.6	25.7	34.1
琼海 *	27.9	21.4	33.2

续表

地名	地表面温度(℃)		
	年平均	最冷月平均	最热月平均
广西壮族自治区			
南宁	24.3	14.0	31.0
柳州	22.9	11.9	33.0
北海	27.0	17.2	33.5
桂林	27.3	8.6	32.0
百色	27.3	15.4	33.0
梧州	22.2	14.1	33.8
玉林 *	24.5	15.6	31.5
重庆市			
重庆	19.4	8.0	31.9
万州	20.4	7.3	33.6
酉阳 *	16.4	5.0	27.5
四川省			
成都	17.9	7.0	27.8
甘孜	8.9	−3.8	18.8
自贡	20.1	8.5	30.7
泸州	20.6	8.8	32.1
内江	20.1	8.0	31.4
乐山	19.5	8.3	29.3
达县	18.9	6.7	30.8
绵阳	18.5	6.3	29.1
宜宾	19.3	9.0	29.2
西昌	20.4	11.0	27.2
南充	18.8	7.3	30.4
贵州省			
贵阳	17.3	6.4	27.6
遵义	16.8	5.4	28.4
毕节	15.6	4.8	25.9
兴仁	16.7	7.2	24.9
安顺	16.6	5.9	25.7
凯里 *	18.5	6.3	29.2
铜仁 *	18.3	6.0	29.8
云南省			
昆明	17.1	8.7	23.0
丽江	16.3	7.6	21.8

续表

地名	地表面温度(℃)		
	年平均	最冷月平均	最热月平均
云南省			
腾冲	17.0	8.9	22.0
思茅	21.4	15.2	24.8
蒙自	22.0	14.4	26.6
昭通 *	15.6	5.1	23.5
大理 *	16.7	9.0	23.0
西藏自治区			
拉萨	11.3	−1.4	19.7
日喀则	10.4	−3.4	22.7
阿里 *	6.1	−11.0	23.0
陕西省			
西安	15.0	−0.4	29.8
宝鸡	14.9	−0.2	29.1
铜川	12.7	−2.6	27.0
榆林	10.4	−10.1	27.9
延安	11.6	−4.7	26.8
汉中	16.1	3.2	29.0
安康 *	18.2	4.0	32.7
甘肃省			
兰州	11.9	−7.3	26.8
敦煌	12.4	−8.9	31.4
酒泉	9.6	−10.2	27.5
平凉	10.8	−4.1	24.1
武都	15.8	3.0	26.9
天水	12.8	−1.7	25.8
武威 *	12.1	−7.0	28.9
青海省			
西宁	9.2	−7.4	21.9
格尔木	8.0	−9.9	24.2
都兰	5.4	−10.4	19.7
玉树	5.4	−8.4	16.8
玛多	0.2	−14.9	12.3
新疆维吾尔自治区			
乌鲁木齐	8.1	−14.7	28.6
阿勒泰	6.1	−18.0	28.0

续表

地名	地表面温度(℃)		
	年平均	最冷月平均	最热月平均
新疆维吾尔自治区			
克拉玛依	4.8		
伊宁	10.6	−10.8	28.3
吐鲁番	17.4	−8.9	39.8
喀什	15.1	−5.6	33.1
和田	15.6	−5.8	32.4
哈密	12.9	−11.0	33.6
塔城	7.6	−14.5	27.5
宁夏回族自治区			
银川	11.5	−7.7	28.8
盐池	10.3	−8.7	27.0
石嘴山	10.9	−9	29.0
固原 *	9.0	−7.5	23.1

注：带 * 为新增城市，其室外计算参数统计年份为 1992～2001 年。

后记与致谢

2016 年我主编了《室内环境健康指南》，对影响室内环境舒适和健康的因素进行了介绍，提出室内环境的发展应该以人为本，工程技术体系只是一个过程。后来很多朋友让我给出"落地方案"，由此我开始进行具体实践，本书的撰写就是基于这 4 年的工作总结。

暖通空调是保障室内热湿环境和空气质量的工程技术体系，其设计目标是温度、湿度、气流、洁净度、供冷/供热量等物理量指标；而"以人为本"则是人的生理和心理效果，两者之间不能进行直接转换。要让用户有更好的环境体验，要求对室内环境参数有精准的控制。与人体各处众多的神经单元相匹配，靠手动调节来控制暖通系统难以达到满意效果。必须使用数字和人工智能技术来做好系统功能和用户体检之间的衔接，将暖通空调体系转变成"室内微气候"技术体系。

传统暖通空调系统的设计先给出室内温度、湿度、气流和空气质量的设计指标；之后确定系统功能、工作原理，绘制系统图；再根据系统图选择设备、管道、部件和控制，绘制工程图纸；按图纸进行施工验收，交付给用户；根据使用者的投诉对设备和系统进行维护。过程各部分之间缺乏有机连接，特别在交付后，缺少运行数据和使用效果反馈。

室内微气候技术体系则是寻找用户对室内环境的"真正"要求，根据用户以往的使用经验总结出对室内热湿环境的满意和不满意之处。这些内容使用用户语言进行描述，由此构建出的"场景需求"作为设计目标。这个目标包含了用户对室内环境舒适、健康、调节和维护的追求。而当地气候、节能建筑决定了室内环境的初始条件。初始条件中包含各季节的不舒适、不健康的用户体验。初始条件和设计目标之间的差距就是室内气候系统需要补偿的。室内微气候系统全年运行，在不同季节有不同的设计目标点。

数字孪生技术在室内微气候系统的设计和实施中起到关键作用。室内微气候系统多设计目标的特性决定了使用多种设备、传感器、控制器，还需要更复杂的控制逻辑和算法。实体系统难以应对，而数字孪生技术则可以灵活搭建一个虚拟体系满足复杂需求，之后再按相应规则等效转换为暖通空调和控制的实体系统。这样就可以专心以"用户为中心"来规划室内环境。

暖通空调系统被分解为若干基本单元，这些基本单元通数字搭建对应实体系统。按不同类型、不同行业用户来搭建出的就是具有针对性的室内微气候解决方案，这种方案以计算机软件为顶层，自上而下搭建并实施，并能够进行迭代改进。在此过程中，提出了对控制软件、硬件、设备、管理和服务的新要求，不断创新形成"新暖通空调"。

有众多的朋友和企业和我一起进行上述工作。4 年多以来共同在全国各地实践了数百个项目，用户体验都非常好。由此我们产生把其中的设计理念和实施经验总结出来与更多的人分享的想法，也是本书的写作初衷。以下作者参与本书编写工作：张保红（第 2.2 节）、王希（第 5.3 节、5.4 节）、陆红军、王坤、熊云桥、林胤灼、范树斌、刘国平、庞晓坚、何发才、陈迪、李志慧（第 6 章），另外张龙龙和陈妙玥参与了组稿和书中部分图片的绘制。在室内微气候系统设计和实施方面，无锡生普能源设备有限公司、北京傲墅室内环境科技有限公司、重庆艾斯特暖通设备有限公司、广西亮火地暖工程有限公司、山西精工天成空调技术有限公司、绍兴市恒源冷热技术工程有限公司、浙江众力暖通设备工程有限公司、武汉生普舒适家科技有限公司、湖南生普环境设备有限公司、福州优筑环境技术有限公司提供了众多工程经验和案例，在此表示衷心感谢。

何 森